自乐——卷土重来未可知

李跃华　编著

中国出版集团
研究出版社

图书在版编目（CIP）数据

自乐：卷土重来未可知 / 李跃华编著 . — 北京：研究出版社，2010.4

ISBN 978-7-80168-560-5

Ⅰ . ①自… Ⅱ . ①李… Ⅲ . ①成功心理学 – 青少年读物 Ⅳ . ① B848. 4–49

中国版本图书馆 CIP 数据核字（2010）第 047648 号

责任编辑：张璐　吕慧

自乐——卷土重来未可知

作　　者：李跃华　编著
出版发行：研究出版社
地　　址：北京市朝阳区安定门外安华里 504 号 A 座（100011）
电　　话：010-64217619　64217612（发行中心）
网　　址：www.yanjiuchubanshe.com
经　　销：新华书店
印　　刷：三河市同力彩印有限公司
版　　次：2010 年 4 月第 1 版　2020 年 1 月第 2 次印刷
开　　本：787mm × 1092mm　1/16
印　　张：16.25
字　　数：200 千字
书　　号：ISBN 978-7-80168-560-5
定　　价：30.00 元

前　序

笑一笑，重新站起来

人生中遇到挫折就像大自然中的刮风下雨，谁都无法避免。有的人，被风雨击倒了，被挫折征服了，被困难吓倒了，他的人生从此就变得灰暗了。而有的人，接受了风雨的洗礼，经历了挫折的磨炼，战败了困难的挑战，他的人生从此便一片光明。

伟大音乐家贝多芬一生创作出大量流传千古的交响乐，一直被后人称为“交响乐之王”。但贝多芬的一生充满了痛苦：父亲的酗酒和母亲的早逝，使他从小失去了童年的幸福。当别人家的孩子还在无忧无虑地享受欢乐和爱抚的时候，他却像大人一样承担起整个家庭的重担，并且成功地维持了这个差点陷入破灭的家庭。

也许是屋漏偏逢连阴雨，也许是祸不单行的缘故。正处于青春年华的贝多芬，他失意孤独；也正当他步入创作力鼎盛的中年时，他又患了耳疾，双耳失聪。对于一个音乐家来说，还有比突然耳聋的打击更沉重的吗？贝多芬一生中几次濒于崩溃的境地，他在三十二岁时就写下了令人心碎的遗嘱。但他顽强地战胜了命运的打击，他大声呼喊：“我要扼住命运的咽喉，它绝不能把我完全摧倒。”即便是在困难重重最痛苦的时候，他还是凭着自己的坚强斗志完成了清明恬静但又激昂奋进的《第二交响曲》。

伟人之所以称之为伟人，是因为他们用生命为全人类书写着历史，给人类留下最可贵的精神财富。所以，看向前方，学学伟人，遇到挫折就笑一笑吧！

上帝给了我们两条娥月眉，一双眯成线的眼睛，和稍稍向上翘起的嘴巴，组成了“微笑”，就是希望我们用微笑面对生活。微笑是蕴含着一种振作，一种成熟，一种坚强，一种超越的魅力，只要我们微笑着面对生活，生活也会向我们微笑的。

微笑是幸福的来源，是幸福的先导，是幸福的前提。微笑是人类宝贵的财富，是自信的标志，是礼貌的表现，是沟通人际关系的法宝。

《自乐——卷土重来未可知》要告诉你的是：一个人，从贫乏到丰富，从平庸到优秀，从贫穷到富有，这个过程必定是充满艰辛与挫折的。铺满荆棘的路也许就是通往财富的路，无数次的跌倒不可怕，只要你勇敢地站起来，那么，快乐、幸福、成功这些宝藏都会是属于你的！

但如果你中途放弃了，那么，就会与之失之交臂！

拿起此书，你的生活将会是另一番模样，你的人生也会因此而被照亮。挫折不再可怕，生活还在继续，风浪仍在拍打着要阻碍你的行程，没关系，有《自乐——卷土重来未可知》陪你，乘风破浪，一路前行！

编　者

前言

Preface

鲁迅曾说:“我觉得 坦途在前,人又何必因为一点小障碍而不走路呢? ”

爱迪生曾说:“失败也是我需要的, 它和成功对我一样有价值,只有在我知道一切做不好的方法以后,我才能知道做好一件工作的方法是什么。”

爱因斯坦认为:“一个 人在科学探索的道路上,走过弯路,犯过错误,并不是坏事,更不是什么耻辱,要在实践中勇于承认和改正错误。”

逆境与顺境,是人生之旅中的常客,谁也不可能一帆风顺地走到生命的尽头。害怕失败,失败就会无处不在;挑战逆境,成功之门就会随时为你打开。没有经历苦难的考验,人永远品味不出幸福生活的意义;只有经过挫折的锤炼,人才会珍惜得到的收获。所以勇敢者才能在不断的失败中获得经验,挑战者才能最终走出阴影和黑暗,拥抱光明的未来。

挫折不仅是财富,挫折还是上帝给我们的恩赐,所以挫折不可怕,可怕的是没有正视它。因为挫折就像一面镜子,你的态度如何,决定了人生的结果如何。挫折会让懦弱者更加懦弱,却让坚强者更加坚强;让自卑者彻底丧失斗志,却让自信者激发挑战的勇气。为人父母者,必须言传身教,不失时机地对孩子进行挫折教育,从小磨炼孩子的意志,增强克服困难的勇气，学会在逆境中保持乐观向上的人生态度，引导他们迈向成功。其实，挫折并不可怕，只要我们勇敢面对，你会发现，生活永远向你微笑！

“自古雄才多磨难”，面对挫折，青少年应当拿出勇气和耐心，并对自己说：“风雨中这点痛算什么”，主动出击，迎接挑战，直面挫折，笑对挫折，把挫折当作前进中的踏脚石，然后拥抱胜利。因为挫折是福，注定在我们的岁月中搏击风浪，经历考验，奠定更加坚固的基础，谱写出美好的人生之歌。

一个人应该知道自己能够做什么，应该做什么，必须做什么，更应该知道不应该做什么，不要做什么。因而保持清醒的头脑，远比聪明的脑袋更为重要。一个人如果能在坚持与放弃间保持一份清醒，那么成功就在前方不远处等待着你，微笑着向你招手..

《自乐——卷土重来未可知》也将伴你成长，为你做一面镜子，让你看到真正的自己，看到不足，看到长处；本书将是你更好的人生导师，为你指引方向，抚慰你的心灵，让你在困境中愈挫愈勇。

未来是个未知数，倒下，你就注定失败，站起来，你就可能走得更高更远！

Contents 目录

上篇 挫折如歌，我用青春来唱响

“年少的我喜欢一个人在海边，卷起裤管光着脚丫踩在沙滩上，总是幻想海洋的尽头有另一个世界……”

当家长和老师在学生耳边这样碎碎念叨的时候，很多学生都会觉得头脑轰鸣，心情也变得烦躁不安。就像歌中所唱的那样：“读读读……读好书，好想哭”，有些学生甚至想到要离开父母，远离学校，去浪迹天涯。他们在父母的保护伞下长大，都有一种渴望走出父母臂膀之外的冲动与欲望，这是青春期普遍存在的心理。人们不免生疑，学习为何让当今学生如此反感与头痛？

“总是拿着微不足道的成就来骗自己，总是莫名其妙地感到空虚，总是靠一点酒精的麻醉才能够睡……”

青春期是张扬个性的年代，人人追求超然、另类，匆匆走过青春期的人常常后悔自己没能留下些什么，而现代青少年却仿佛“不走前人路”一般地想要抓住青春，把握青春的每一分钟。

然而，他们张扬个性的同时，却引发了心中的熊熊大火，一些不良情绪俘虏他们的心情。他们被奴役……无法挣脱……

“苦涩的沙吹痛脸庞的感觉，像父亲的责骂母亲的哭泣，永远难忘记……”

人与人之间的情感皆可为“爱”，亲情之爱，友谊之爱，恋人之爱，青少年的情感也因这些爱而时刻变化着。

青少年成长深受身边环境的影响，他们的心灵十分脆弱，家庭情感不和、朋友之间出现矛盾、懵懂情感的滋生等，这些都会让他们不知所措。

此外，如何与父母亲相处，是青少年们的心理负担与困难之一。随着思考方式的改变，年轻人也会改变对父母的看法，开始批评父母的言行，甚至“看不起”父母，形成了代沟隔阂。细腻的感情线会带给他们消极的思想，引发消极的行为，这些对于他们的成长都是十分不利的。

“如今的我生活就像在演戏，说着言不由衷的话，带着伪善的面具……”

随着年龄的增长，独立意识的增强，青少年与社会的交往越来越广泛，他们渴望独立的愿望也日益变得强烈。在日常交友中，他们不可避免地会遇到一些问题，如对朋友的言语很敏感，容易产生嫉妒，或受到群体朋友的压力会采取某种行为等。有些可能因为个人的性格问题而被群体孤立，犹如天空中被抛弃的大雁，失落而无助。

“骄傲无知的现代人不知道珍惜，那一片被文明糟蹋过的海洋和天地……”

时代的进步为后代人创造了更多、更好的生活条件及生存环境，人类的，精神文明也在不断地提高。然而，思想尚未完全成熟的青少年却不懂得珍惜现有的美好生活，任由思想来放任自己的言行，他们有的行为偏激，有的作风不良，有的甚至为了钱财而去偷、抢、杀，当他们最终受到惩罚的时候才悔悟过来，在悔不当初的时候，他们却没有了重新做人的勇气。

“寻寻觅觅寻不到活着的证据，都市的柏油路太硬踩不出足迹……”

如今，电子游戏机已从青少年的生活中退出并销声匿迹；但作为电子游戏机的后继者—网吧，则以另一种形式悄然占领了这块失地。网络时代已然来临。

然而，很多青少年在接触网络之后如染毒瘾一般，如痴如醉，沉陷其中，难以自拔，尤其是那些不堪入目的色情网站、黄色图片等不良元素在冲击着青少年的眼球，侵蚀着他们的心灵。他们高喊“网络万岁”，对网络“死了都要爱”的口号，网络引发的偏激思想也是诱发青少年犯罪的主要祸根之一。

下篇 摔倒了，就勇敢地站出来

“……风雨中这点痛算什么，擦干泪不要怕至少我们还有梦！”

每个人都有自己的梦想，不论什么样的梦想，知识绝对是开启梦想之门的必经之路，永远保持一颗学习的心就是那把唯一的钥匙。

读书是现代人成长的必经过程，读书不仅能帮助一个人开拓前程，而且能帮助一个人成就事业。读书能使人聪明、智慧，并且能使人谦虚、自信，有耐心和机智，而这些都是未来成功必须要有的要素。日积月累的读书生活，是明天事业成功的关键。

“只有远离人群才能找回我自己，在带着咸味的空气中自由地呼吸。”

情绪像是一个晴雨表，它可以晴空万里，也可以乌云密布，关键要看你如何去掌控它。

你不能左右天气，但你可以改变心情；你不能改变容貌，但你可以展现笑容；你不能控制他人，但你可以掌握自己；你不能预知明天，但你可以利用今天；你不能样样胜利，但你可以事事尽……很多事情都是可以选择的，情绪也是一样，你选择什么样的情绪，就拥有哪种颜色的天空，拥有什么颜色的天空，你就拥有什么样的人生。所有的一切，都在你的掌控之中。

“长大以后为了理想而努力，渐渐地忽略了父亲母亲和故乡的消息……”

现代青少年过早地独立，过早地离开家庭的怀抱，在学校这个“小社会”中历练并成长着。他们有自己的理想，在为之而努力的时候却又被心中的丝丝感情线缠绕着、牵绊着，来自家庭或个人的感情问题让他们显得有些力不从心。

青少年应当学会疏理自己的情丝，用真心真爱来对待身边的每一个人，润化自己的人生。

“……风雨中这点痛算什么，擦干泪不要问为什么！”

有很多人总是处在原地，仰天长问：为什么，为什么没有人愿意和我交朋友？为什么我要被孤立出来？为什么我没有好人缘？为什么我找不到真挚的友谊？结果，生活还是一样继续着，什么也没有改变。发展亲密的伙伴关系是青少年的一种精神需要，在交往中他们可以相互学习、帮助，增长自己的知识，所以，与其这样做无用功，不如审视一下自己，从自我出发，改变自己，为自己赢得一个好人缘。

第五章 改正行为——我们都是好孩子

“我们都是好孩子，最最善良的孩子，相信爱可以永远啊……”

俗话说：“浪子回头金不换。”做错了事情不要紧，重要的是有一颗悔过的心。如果真心认识到自己的错误，不论什么时候，都不要觉得晚，也不要总是活在别人的眼光下，只要你真正“回头”了，改过了，时间会帮你证明一切，身边的人也会因此而对你改观。

第六章 正视网络——相信明天会更好

“唱出你的热情伸出你的双手，让我拥抱着你的梦，让我拥有你真心的面孔，让我们的笑容充满着青春的骄傲，让我们期待明天会更好……”

网吧作为新时代的产物，令众人着迷，对青少年的影响更为严重。网吧的适应面积较为广泛，男女老少皆宜，而其内容相较于电子游戏室也是丰富多彩。但它对人们的危害性丝毫不亚于电子游戏室，甚至有过之而无不及；而它对于青少年的危害则更为突出，因为泡网吧者多为青少年。

然而，网络是应当为人类服务的，它本身是十分有益的，只是青少年对待它的态度错了。青少年只有正确地认识网络，从迷幻中走出，才能拥有更美好的明天。

上篇

挫折如歌，我用青春来唱响

第一章

读好书，好想哭——学习挫折

“年少的我喜欢一个人在海边，卷起裤管光着脚丫踩在沙滩上，总是幻想海洋的尽头有另一个世界……”

当家长和老师在学生耳边这样碎碎念叨的时候，很多学生都会觉得头脑轰鸣，心情也变得烦躁不安。就像歌中所唱的那样：“读读读……读好书，好想哭”，有些学生甚至想到要离开父母，远离学校，去浪迹天涯。他们在父母的保护伞下长大，都有一种渴望走出父母臂膀之外的冲动与欲望，这是青春期普遍存在的心理。人们不免生疑，学习为何让当今学生如此反感与头痛？

没有学习热情

有一些焦虑的青少年自称对学习没有热情。心理学家称这是一种学习心理障碍。青少年的学习障碍大致分为认知障碍和情绪障碍。认知障碍是指在认知过程中，由于记忆、理解、思维等心理因素的影响，产生学习障碍。情绪障碍是指在学习中由于师生关系、同伴关系及其他关系不融洽，而使学习受到影响。学习障碍是一种存在于青少年中非常普遍的问题，一些学习障碍的背后隐藏的是情绪问题。

最近，有一些心理专家和青少年心理教师指出，在青少年身上存在着一种“消极反抗倾向”，往往表现为自卑、淡漠，凡事引不起兴趣；面对老师的问题，他们多半回答“不知道”“随便”“无所谓”；他们总是轻易地答应师长制定的规则，但因缺乏实践动力，老是遗忘和拖延，让人觉得“不负责任”或“光说不练”。他们中的大部分人都对学习没有太大的热情。

§ 青少年没有学习热情主要表现在以下方面

一、缺乏学习兴趣

小超干任何一件事情都有兴趣，就是不想学习。他宁愿漫无目的地走在马路上，也不愿意待在教室里听老师讲课。不知道是因为对学习不感兴趣，听不进老师在说什么而听不懂课？还是因为听不懂课从而对学习失去了兴趣？在这样的循环下，最终结果是，小超对学习彻底没感觉，成绩彻底考得不好。

在学习生活中，兴趣能提高人的学习效率，同时能极大地牵引着你的学习主动性，让你从厌学的人变成好学的人。有了兴趣，学习就不是一种负担，而是一种享受。相反，没有学习兴趣，你就会讨厌学习。

二、没有学习动机

从小到大，小军一直都是一个讨厌学习的人。如果不是老爸老妈的威逼利诱，可能他早就离开学校了。待在学校，别提有多憋屈了。老师没完没了地唠叨，让他的耳朵都长茧了。不许说话，不许吃东西，不许这不许那，还要整天待在教室里。因为其家长说，只求他有一个基本的文凭就行了，在学校最重要的就是学做人。所以，小军才愿意待在学校里，否则的话早就辍学了。

在学习过程中，青少年可能会遇到各种各样的心理问题。如果不能及时解决，不仅会因此导致他们产生消极的学习态度，还能阻碍他们获得知识和智能的发展。学习的一个关键就是有一个良好的学习动机，如果没有学习动机，那么犹如一个缺乏动力的火车，跑也跑不动。

三、没有正确的学习方法

在态度端正、目的明确的前提下，学习成绩依然上不去，那么显而易见，学习方法上存在着问题。死记硬背，不善于融会贯通，结果使得自己付出大量的努力，成绩反倒只降不升。严重地打击了自己的学习信心，从而产生学习障碍。

四、学习态度不端正

一个人的态度总是会受到外界的影响，甚至原先的固有态度可能会因为外界的影响而变强或者减弱。一个学生的学习态度，一般指的是学生对学习及其学习环境所表现出来到一种相对稳定的心理状态。当一个学生没有一个端正的学习态度时，自然就会对学习失去热情。

§如何培养学习热情

一、正确认识学习

学习这个名词最早见于孔子的“学而时习之，不亦乐乎？”孔子认为“学”就是通过耳闻目见获得知识和技能，它偏重于思想意识以及概念的理论范畴；“习”就是温习巩固所学的知识和技能，它偏重于行动实践。

当今社会，人们对于学习有了新的理解。所谓学习，是指通过掌握某些有形或无形的新知识将其整合到自己已有的知识体系中。学习的过程就是使自己的知识体系不断完善、不断充实的过程，并且要能够将这些知识应用于现实生活中的诸多实践中。

二、正确认识学习的意义

一个人要在社会上生存并有所发展就必须认真努力地学习。从我们当前的社会来说，学生的学习也是关系到社会进步与发展的事。社会的发展、民族的振兴，靠广大青少年学生发愤学习，掌握建设国家的本领。如果你能看到自己肩负着未来的重担，并以此作为学习的远期目的，就一定有一个高涨的热情投入到学习活动中去。

人生来是无知的，成长的过程中需要经历很多的坎坷与挫折，会有很多的困惑和迷茫。蛇为什么蜕皮？因为它要成长。成长膨胀需要更大的空间，只有在蜕去一层旧皮的束缚之后，才有可能争取更大的空间让它茁壮。人类也一样，只有不断地学习，补充新的思想和观念，你才能成长，这样的生命才更有活力，生活也才更有意义。

一个人物质上的贫穷不可怕，可怕是脑袋里的贫穷。没有学习的人生如同干涸的沙漠，生命里寻找不到一丝绿色，是一望无际的贫瘠与荒凉。学习的真正意义，是为了丰富自己，提高人生的境界。

当正确认识了学习之后，就不会在学习的过程中迷失了自己学习的目的及意义。如果你能充分意识到它的重要性，你就不会再困惑，不会再犹豫。诚然，学习有许多的苦处。头悬梁、锥刺股，凿壁偷光，程门立雪……在知识的海洋上，自古以来就是以苦作舟，苦不堪言。但是学习的乐趣更是用笔墨无法描述的。没有苦，哪有乐，我们要正确对待这种辩证关系，在无涯的学海中尽兴遨游。

青春日记

孟轲刻苦学习的故事

孟轲是一名思想家。他刚上学的时候，也很用心，写字规规矩矩，工工整整。但是后来，他觉得学习实在是太辛苦，远不如在外面玩快活自在。于是，他就经常逃学，到外面四处跑着玩。

有一天，他照旧出去玩。回到家后，母亲问他："为什么放学这么早？"他诚实地说出自己没有去上课，而是出去玩了。这个时候，他的母亲就很生气地对他说："我这么辛苦卖力地供你学习，你却做出这样让我伤心的事情，实在是太没出息。"

说完，母亲拿着剪刀，把没织完的布给一下子剪断了，然后对他说："你不好好读书，不好好学习，就跟这剪断的布一样，还有什么用处啊！"

孟轲赶紧跪下，向母亲认错。他哭着说："我知道错了，以后绝对不会再这样了，我一定会好好学习！”从那以后，他果真改过自新，从不偷懒，勤奋学习，最终成为一名出色的思想家。

苏秦刻苦学习的故事

苏秦是战国时期有名的政治家。他年轻的时候，曾经到许多地方做事，但是由于学问不够渊博，都没有受到重视。甚至连家人都对他很冷淡，瞧不起他。

这种打击对他影响很大。因此他下定决心，要发奋读书，改变别人对自己的看法。他经常读书到深夜，有时候瞌睡得抬不起头。他就想出了一个办法，准备了一个锥子，如果瞌睡了，就拿锥子往自己的大腿上刺一下。就这样，他一直坚持读书，后来终于成名。

考试前总是过度焦虑

心理学家称，焦虑是每个人都会经历的一种心态，是人类天生的一种保护性反应，适度的焦虑是行动的催化剂，一定的紧张度能提高人的活动效率。然而对于青少年来说，特别是对于面临考试的青少年来说，如果过度焦虑则会出现负面作用。这是因为过度的焦虑就会演变成一种紧张、压抑、恐惧的情绪状态，对青少年的学习是极为不利的。

§青少年为何会出现考前焦虑

小静从小到大学习都很努力，因为家里的条件不是很好。家里共有五口人，父母经常外出打工，可是生活还是一直很困难。因此，小静立志要好好学习，来报答父母的养育之恩。并且小时候村里人都知道小静学习好，认为小静将来指定有出息，小静一直也想在众人面前证明自己。

可是随着学业的加重，小静的成绩却越来越不理想。这也引起了父母的忧心，他们总是叮嘱小静要好好学。于是小静就经常想考试的问题：为什么总是考不好？如果一直这样怎么对得起父母？村里人怎么看我？虽然平时复习很刻苦，但是到了考试时，小静就控制不住自己的情绪，做一道题总是想来想去，明明已经做过了，还会想会不会错了，然后就会再看一遍。每次都这样，甚至还手心发汗，头脑昏沉，平时记的内容也变得模模糊糊，以致小静胡乱答题，想快点写完离开考场。但是当考试结束后，小静又开始自责，怪自己平时复习得不够全面，吃不下饭，睡不好觉，只等着考试成绩的公布。但又怕知道结果，心里总是很烦闷。

青少年的考前过度焦虑的来源是什么呢？经调查发现，主要原因有以下方面。

一、来自自身的原因

有些青少年的自尊心很强，一心盼着在考试中能取得优异成绩。考试受挫，使之苦恼、羞愧、自卑；考前紧张，这种情绪就被带进了考场，因而怯场；考后自责，又影响以后的学习。这样的一个恶性循环，使得这些青少年苦恼至极。

其实，这都是因为自己把分数看得太重的缘故，不明白学习的目的是学以致用。把考试作为决定自己命运的关口，以致背上沉重的精神包袱。

二、来自父母和亲人的压力

由于父母和亲人对自己投入了很大的期望，因此心理压力过大。害怕考得不好让他们伤心，甚至会因为觉得自己不行而自卑，进而也就加重了自己的心理负担。

三、来自学校老师的压力

老师考前的总动员和颁布的奖惩措施也会加剧学生的心理压力。比如说考得差了要叫家长，虽然老师这样讲是想跟家长交流一下，看如何提高学生的学习成绩，但是学生可能把这当成了压力，进而更紧张。

如果青少年长期因过重的心理负担而处于焦虑状态，就会常常表现为情绪忧虑、心事重重，无法放松自己，行为上表现为坐立不安、辗转反侧、举止僵硬、说话发颤，甚至全身发抖，这些情形都会严重地影响学生的考试。从焦虑的表现看，过度或长时间焦虑，也会对青少年人格的健康发展造成一定的影响，对身心健康产生很大的危害。

因此，青少年要善于分析压力，把压力当作前进的动力，让身心在舒适中的成长。

§ 如何战胜考前焦虑

一、调整自我认识

正确对待考试，不要把考试看得过重。各种大大小小的考试，对于学生来说，不过是展示和检验自己才能与所学知识的一个机会。若把考试看成一种挑战，会激发自己进入状态；把考试看成一种机会，就会以一种珍惜的心情对待；把考试看成如临大敌，就会紧张不安。它不可能决定一个人的命运，即使失败也无所谓。常言道，“胜败乃兵家常事”。更何况，一次小小的失败，往往是一个成功的开始。

其次，要正确看待考试的难易程度。通常情况下，试卷基本上是针对平时所学的基础知识进行考察，不会有特别难的偏题、怪题。即使真的遇到没有头绪的题目，也大可不必担心，因为你觉得难，别人也许认为更难。因此没有必要过于跟自己过不去，在考场上自责。这样肯定影响考场上的情绪。

另外，要对自身的实力有一个正确的判断。也就是对自己的学习情况、复习情况、弱点和漏洞、改进的方法和措施等做一番系统的分析。了解自己的实力、特长和薄弱环节，从而制订适当的考试目标和切实可行的复习计划。如果目标定位过高，就会为难以达到目标而增加考试焦虑，那么无疑会使自己压力增大。

二、想象脱敏练习

所谓脱敏疗法，就是一种心理疗法。你可以想象考场中的诸多场景，如果遇到不顺的事情，这样可能把紧张焦虑诱导出来，然后学会怎么放松，做一些深呼吸、肌肉放松训练，使自己安静下来，感受紧张后的放松，体验这一过程。这实际上是一个实践的过程，一遇到紧张情况，经过这样的训练就会很快放松平静下来，这样就容易形成一种条件反射。到考试的时候，遇到这种情况，你就会自我放松，很快适应考场环境。

三、自我联想法

积极的自我联想可以唤起人的良好情绪。在进入考场时，不妨运用自己的自我想象，回忆一下过去的成功经验等，焕发与强化自己的良好情绪。想得越具体、越生动就越利于紧张心情的松弛。想象时一定不要受不利于情绪放松的念头干扰。如不要去回忆不愉快的事情，不要想象令人紧张、害怕的事，不要受试卷的干扰。

四、放松训练法

具体方法是：坐在椅子上，使身体尽可能放松，两脚与肩同宽，眼睛微微闭上。然后在心中默念：头部松，面部松，颈部松，前胸松，后背松，腹部松，腰部松，前大腿松，后大腿松，前小腿松，后小腿松，脚背松，脚掌松。如此这样，反复念下去，可以使身体和精神都得到放松。

五、自我暗示法

对自己进行一个积极的自我暗示可以强化自己的信心。比如，可以把写上积极暗示话语的字条放在桌子上，如“我有学习能力，我一定能成功！”等。这样在很大程度上能消除自己的焦虑情绪。

六、注重考试技巧

首先，把握好进考场的时间，不宜过早但也不要太晚，一般提前15分钟进场，熟悉一下考场环境。太早了会与各种干扰因素接触容易破坏良好的心理感觉，太晚了会出现焦急的心理。

进入考场之后，要调整一下迎战姿态。比如把文具摆好，擦一擦眼睛。全当是在做“心灵体操”稳定情绪。

拿到试卷后要通览试卷，了解试题分量、难易比例和分布，做到心中有数，科学分配时间，安排好答题顺序。

铃声响时，闭目做几下深呼吸，然后再做题。因为考前几分钟往往是最紧张的时候。

注意答题技巧，从易到难，利用有利的感觉去推动后面的考试进展。如果真遇难题，莫较真，不可紧盯不放，要放松心态，把其他题做好，把损失减少到最少。并给自己适当的自我暗示：我不会，别人也未必会。这样就能保持平静的心态。

题目做完时，要注意检查一下，看有没有错误。

摆正心态，学会自我放松，你就能缓解自己的考场紧张情绪。注重考试技巧，从容镇定，泰然处之，你就一定能发挥自己应有的水平，甚至超常发挥。

青春日记

克拉克是一名长跑运动员，他曾连续17次打破世界纪录，被人们称为田径赛场上的奇才。但是在他运动巅峰期的两次奥运会赛场，却相继与金牌失之交臂。因此，人们就以“克拉克现象”来形容那些平时训练极佳的运动员比赛成绩却屡次失常的现象。

如何改正偏科现象

由于受升学考试等因素的影响，现在的偏科现象较为普遍，中学生尤其突出，如重理轻文，或重文轻理等。偏科对每个青少年来说都不陌生，据调查，80%的同学认为自己曾经或现在正在为偏科而烦恼，但这当中却有一半以上的人对于偏科没有一个正确、深入的认识。到底什么是偏科呢？专家给这个现象下了如下的定义：偏科是指在学习中不能正确对待各门学科的学习。重视认为“有用”的学科，而忽视认为“无用”的学科，善于学习喜欢的学科，把主要精力集中于这门学科的学习，而忽视其他学科的学习。在出现偏科现象时，该如何自我克服呢？

§偏科的危害及成因

各年级开设的各门学科，都是为了青少年的全面发展、经过科学论证和实践检验而设立的，偏废任何一门课程，犹如修建高楼大厦时地基缺了几样关键的东西，其后果是很严重的。一是在知识上产生缺陷，在学科方面出现“跛腿”现象。那样会影响其总体的考试分数，为其升学带来一定的难度，而且会影响他在某一领域的发展。二是影响其他学科的学习。因为各门学科是相互联系的，缺少一门就会觉得不协调。

现在偏科现象已到了白热化的程度，尤其是在“学会数理化，走遍天下都不怕”这种重理轻文思想的影响下，偏科现象更为严重了。不过，偏科难免。原因有内在的，也有外在的。

一、只凭兴趣学习

现实生活中，有些学生喜欢数理化，而对语文、历史、地理等学科一筹莫展，而有些学生则恰恰相反，他们喜欢哪一门就只学那一门，其余不感兴趣的课程就不听，作业也是胡乱做，如此兴趣用事产生巨大反差，形成偏科的现象。

二、学习方法不正确

“偏科”的一个重要原因是：没有根据不同课程的特点，选择学习方法。有的学生对某门课程的学习方法不对，学习效果不高，老师教育又不得法，家长也没及时给予帮助，慢慢地就会失去学习的兴趣，造成偏科现象。

三、教师的影响

有的学生偏科是由于与教师的关系问题造成的。由于不喜欢某个老师，就会不喜欢他的课，留的作业也不想做，导致这门课的成绩上不去，而最终导致偏科现象的形成。

§ 克服偏科

那么，在克服了偏科的认识问题之后，在学习方法上应该注意些什么呢？

态度决定一切。面对偏科现象，要有一个正确的认识，认清危害，树立信心。当出现偏科，有的同学便会信心全失，慢慢地放弃，想补也很难补上去了。要记住，学习上的弱科往往会影响整体成绩，会影响其他学科的学习，并给进入更高学府学习带来困难。所以，要树立起信心，偏科不是无药可救，主要取决于自己的学习态度。

要摒弃好恶，端正正确的学习态度。偏科的重要原因之一就是仅凭自己的兴趣出发。兴趣爱好与否，是出于对某种学科的心理态度。学习不能凭自身的好恶以及老师的关系而产生学科偏见，这样做是幼稚、糊涂的，也是极为错误的。如果重视不感兴趣的弱科，对其不抱任何偏见，以“肯学则能学会”的态度致力于这个学科，就能增强学习的动力。

做题从简单人手。对于偏科的学生来说，在面对这一科目时，要把握从简到难的原则进行学习。因为你在这个科目上基础差，做难题对于你的提高不会有多大帮助，而且会不断打击你的自信心。正确的方法是从简单一些的习题入手，牢牢掌握课本上最基础的知识，在对简单的题目完全掌握后，再适当提高题目难度。

要把握好学习不擅长科目的时间，坚持从短到长的原则。凡是不擅长的学科，大都是不感兴趣的。因此，如果一开始你便在差的科目上投入大量时间，必然会倍增烦躁与厌倦。所以，要制定出一份计划表，给自己定下时间规定，比如说半个小时，到时间后就去改学别的科目。时间一长，对差科的学习兴趣就会逐渐培养起来了。还可以将差的科目夹在强的科目中间，时间同样不要太长，以避免枯燥无味的学习。

青春日记

某日，一只木桶在装水。突然，它发现，同样多的水倒进别的桶里正合适，在自己这儿却总是溢出来，心里很不是滋味。这时，一个同伴告诉他说："知道吗，我们木桶的容量取决于最短的那块木板。你的木板绝大部分比我们的长，但是还有一根比我们的短。水装到这个短木板的高度，自然就会溢出来。所以不管其他木板多长，对于咱们木桶来说都是没有意义的……"

这就是非常著名的木桶的故事，可是偏科的同学们还是若无其事。每次发下试卷，总有人不无得意地说，我就一门课比较差，其他都是最高分！可是，弱点往往都是致命的，难道他们真的忘记了？

学习有捷径吗

很多人在学习中会问：学习有没有捷径可言，答案是否定的。学习是踏踏实实、一步步走出来的，要靠自己的不断努力去取得。但这并不意味着学习就没有技巧。学习技巧与捷径是两个截然不同的概念。平时我们所说的学习捷径其实都是一种学习的技巧和方法。通过这些技巧的应用，可以使我们的学习更有效率。

21世纪是一个知识大爆炸的时代，我们所学的知识永远赶不上时代的步伐，所以许多教育专家认为，将来的"文盲"，不再是目不识丁的人，而是一些没有学会如何获取知识，不会自己钻研问题，没有预见力的人。这就需要青少年们了解如何学习，怎样学习更为有效。科学的方法是点金术，是通向成功的桥梁。那么所谓的学习捷径到底是什么呢？这就是学习的原则及方法，只有掌握了正确的原则和方法，才能使学习事半功倍。

§ 学习原则

1. 循序渐进原则

循序渐进就是人们按照学科的知识体系和自身的智能条件，系统而有步骤地进行学习。是指学生学习文化科学知识必须遵循由浅入深，由易到难，由简单到复杂，由未知到已知，从具体到抽象的认识过程的顺序，还要遵循学科知识的顺序。它要求人们应注重基础，切忌好高骛远，急于求成。循序渐进的原则体现为：一要打好基础。二要由易到难。三要量力而行。只要做到这些，才能把握住学习的脉络。

2. 自觉积极原则

自觉积极原则是指学生利用良好的外部学习条件，充分发挥主体作用，自觉积极地进行学习。在教与学的过程中，教师的“教”决定着学生“学”的方向、内容、方法等，而学得好不好，又取决于学生的学习态度、习惯和方法。因此，要搞好学习，必须充分发挥自觉的动力，做学习的主人。

3. “熟读精思”原则

熟读精思就是要根据记忆和理解的辩证关系，把记忆与理解紧密结合起来，两者不可偏废。学中有思，思维能力才能得到发展；思中有学，学习的知识才能融会贯通。学与思不可分割，学思结合，才能深刻理解、牢固掌握知识，培养能力。“熟读”，要做到“三到”：心到、眼到、口到。“精思”，要善于提出问题和解决问题，用“自我诘难法”和“众说诘难法”去质疑问难。

§ 学习方法

说到因材施教，是因人而异的，因为各人的智力水平，包括记忆能力和理解能力都各有千秋，而且在长期的学习过程中，每个人都会形成自己独特的、难以改变的学习习惯，因此在学习方法的选择上就没有统一性，要根据自身的情况和特点具体而定。别人介绍的各种方法，如果不考虑自身的特点，盲目照搬，效果可能适得其反；而事实上，成绩优异者学方法也各有不同，如果不懂得这个道理，听多了会无所适从。

下面这些学习方法都是专业人士分析总结的，跟大家分享一下，希望青少年们能从中受益。

（1）锥形学习法

锥形学习法就是把学习比作一个锥子，知识的精度比作锥尖，集中的精力和努力则比作锥子的作用力，时间的连续性则是不停顿地使锥子向前钻进。也就是说，对于有一定基础的人，如果肯下大功夫，来一次猛攻，那么很快就可以把任何一门学问掌握住。这其实就是一个集中强化学习的过程。

（2）螺旋上升学习法

这种学习方法是说，以某一学科的基本概念、公式或者某个实验现象为中心，通过大量查阅相关资料，学习并掌握与中心内容相关的那些基础知识，这是第一个循环。在这个循环过程中，会遇到一些新的问题和疑问。然后再以此为起点，进行进一步的学习，这是第二个循环。依此类推，往上循环下去。

（3）群体学习法

所谓群体学习法，是自发成立一些由兴趣爱好相同的同学组成的学习小组，大家在小组内共同学习，共同进步。由于小组成员志趣相投，又自愿加入，因此每个人都能有很高的积极主动性。而且，在小组成员对老师所讲知识的辩论与讨论中，每个人对知识的理解能力都会加深，还可以消除个人的思维定式，有利于小组成员调整思路，避免走弯路。

（4）快速学习法

大家应该都有这样的感觉，一件事情如果给大家讲的遍数多了，你的印象就很深刻，想忘都忘不了。其实，这个道理也可以用在学习上。如果你把教材分为几部分，然后择其一自我讲授。讲完后，打开课本，进行第一次阅读并把讲错的地方标识一下。然后你再进行第二次讲授。这一次，你一定比上次讲得全面又完善，许多模棱两可的地方也变得清晰了。然后进行第二次回顾。接着进行第三次，第四次讲授。在这个过程中，你已经可以完全把书本上的内容刻在脑子里了。这就是快速学习的方法。

（5）循环学习法

很多同学学过就忘，甚至有的上课学过，下课就忘。这在某种程度上跟我们的记忆力有关联。但是即使记忆力不好的人也能找到一条途径提高自己的记忆力。循环学习法就是一个不错的方法。它主要指在学习过程中采取学习——复习——再复习的方法。也就是在学习一项内容之后，要花少量的时间对其进行温习，接着再学习下一部分，结束之后再进行一次总复习。依此类推，如此下去，直到学完全部内容。那时你已经将整个内容复习了很多遍了，当然记得很牢固。

掌握了学习的技巧和学习方法后，就要切实地在学习中实行，有时候，自己也会发现专属于自己的学习方法。

青春日记

把学问过于用作装饰是虚假；完全依学问上的规则而断事是书生的怪癖。

——培根

聪明的人有长的耳朵和短的舌头。 ——弗莱格

重复是学习之母。 ——狄慈根

当你还不能对自己说今天学到了什么东西时，你就不要去睡觉。

——利希顿堡

学习是劳动，是充满思想的劳动。 ——乌申斯基

游手好闲的学习并不比学习游手好闲好。 ——约·贝勒斯

有教养的头脑的第一个标志就是善于提问。 ——普列汉诺夫

学习中的“高原反应”

学习中的“高原反应”指的是，一些青少年在学习上的表现到达一定程度后，就再也无法超越自己的一种情况。然而又由于青少年的自尊心较强，一旦自己的学习愿望无法实现后，就会表现得心情难受，心情焦虑。青少年的“高原反应”虽然症状不一，但普遍存在浮躁、倦怠和情绪不稳定等情况。

§高原反应在学习中的危害

小叶是一名高三毕业生，在离高考还有两个月的时候，小叶发现自己变得特别浮躁，每次做完题后，都会错很多。于是，小叶对高考变得越来越没有信心，一心只想要是高考能够提前就好了。快点考完试，快点解脱。

青少年在学习的过程中，当他们大脑中储存的知识量较少时，每一次较小量的增加和扩展都使学生产生一种较快的进步感和成就感；而随着学习不断深入，大脑中储存的知识量较大时，知识的点滴积累已不能产生明显的进步感。从而使他们开始对自己表现出失望的情绪，影响了身心的发展。

研究发现，在我国有40%的青少年都会感到大脑疲劳和精力不支，发现学习效率降低、进步速度减慢、学习特别吃力，处于一种“停滞”或“半停滞”状态，尽管每天都在勤奋探索和积累知识，但收效甚微。这些青少年平时的成绩都处于中上水平，由于“高原反应”为学习带来了不良影响，以至于他们的学习成绩直线倒退，有的青少年甚至完全放弃了自己。

学习中的“高原反应”通常会使青少年产生沮丧心情和急躁情绪，甚至使人灰心和失望，在不知不觉中陷入“灰心生失望、失望生动摇、动摇生失败”的怪圈。实际上，“高原反应”是学习和创新的关键阶段，突破这一阶段就能顺利进入创新超越阶段。要使青少年在学习中顺利进入创新超越的境界，就必须冷静地分析产生“高原反应”现象以及出现“高原反应”的原因，有针对性地找到克服障碍的方法。而不是自暴自弃，从此迷失自己。

§ 如何面对学习中的“高原反应”

在出现“高原反应”时，不要害怕，因为“高原反应”是可以突破的，只要查明造成这种现象的主客观原因，采取相应措施，就能使学习进程继续上升。

一、要使自己的学习生活张弛有度

要给自己制订合适的学习计划，正确看待各科学习与考试。认真准确把握好紧张度，万不可以把自己“赶人”到“书山题海”之中，“赶到”狭窄的应试教育的旧路上去，在紧张中要有宽松，在宽松中不忘记责任。最重要的是要把思想、兴趣引导到全面发展的教育方针上来。分数不代表一切，应该注重各种能力的综合发展。

每天的学习任务一定要适度。不要把课余时间都交给学习，一定要给自己留有休息、锻炼、娱乐的时间。

二、改变学习方法

教有法，学有循；学有法，不胡乱。学习是有章可循的，但是对于不同的学科，不同的内容也要采取不同的学习方法。如果方法单一，就无法适应更新更深知识的学习、理解和接受。我们称之为“学习方法定型”。这样就会使学习停滞不前，甚至倒退。

首先，要转换自己的学习目标。一是可以暂时转移过于狭窄的注意力，“高屋建瓴”地“俯视”问题；二是可以避免钻入死胡同，徒劳无益。

其次，学习内容的安排也有讲究，如果学科的安排顺序和时间分配不当，则容易使自己陷入高度疲劳。一般来说，要遵守先中等后难再易的顺序。

再次，产生了“高原现象”后，应采用具有新意的学习方式，激发自己的学习兴趣。比如，可以自己来当“小老师”，让父母或同学做“学生”。当然，学习方法也要因科而异、因人而异，每人都有自己的心得和技巧，在这方面应该在训练中探索出自己的最佳方法，以更能灵活机动地学习。

三、做好心理建设

第一，激发好奇心。好奇心是青少年学习的最主要的动力之一，如果好奇心减弱了，必将影响学习效率，自己必须设法重新将它唤起。比如，发现自己的求知欲不如以前，成绩也停止提高了。面对这种情况，你可以这样做，每次上课前都要问自己几个问题，这些问题与上课的内容密切相关。以此激发自己的好奇心，上课听讲时，特别注意听与所提出问题有关的知识，收到了良好的效果。

第二，强化理想教育。理想是进步的源泉。青少年要树立起远大的理想，为这个理想而努力奋斗。每个人要实现自己的理想，必须从现在做起，必须为将来奋发攻读，只有具备了扎实的知识功底和能力基础，才能实现我们每个人的既定目标，现在的勤奋就是为了实现自己的理想工程添砖加瓦。

第三，变换思维方式，从另一角度思考问题，重在把握知识层次。

第四，进行自我暗示。告诉自己：“我能学好”，并注意自我夸奖：“我真了不起，又进了一步。”同时，为自己鼓掌，以激励自己。

青春日记

什么是青春？青春是整个人生旅途中最绚丽的风景，青春象征着朝气，每天都是新的开始，不必感叹过去，而是展望未来。青春没有遗憾，每次都应力求完美，过失不是停留的驿站，而是走向成功的阶梯。

青春绝不是鲁莽与冲动，更不是一味地意气用事，青春也需要谦虚和冷静，年轻的我们应该借鉴前人的历史经验，扬其长而避其短，勤奋学习，用知识来不断地武装自己，充实自己。“业精于勤荒于嬉，行成于思毁于随”。我们要告别幼稚，走向成熟，告别失败，迈向成功，唯一的途径就是不断学习，善于积累。向书本学习，向老师学习，向生活学习，向实践学习，积累知识、积累经验。只要锲而不舍，通往成功的大门就一定会在我们面前訇然开启。

第二章

是我爱你过了火——情绪挫折

“总是拿着微不足道的成就来骗自己，总是莫名其妙地感到空虚，总是靠一点酒精的麻醉才能够睡去……”

青春期是张扬个性的年代，人人追求超然、另类，匆匆走过青春期的人常常后悔自己没能留下些什么，而现代青少年却仿佛“不走前人路”一般地想要抓住青春，把握青春的每一分钟。

然而，他们张扬个性的同时，却引发了心中的熊熊大火，一些不良情绪俘虏他们的心情。他们被奴役着……无法挣脱……

大如山的压力让人不快乐

压抑是现代青少年较为普遍的病态心理。在心理学上，它是指个人受挫后不是将变化的思想和情感释放出来或是转移到其他地方，而是将这种心理表现压抑在心头，不愿向人诉说或者不愿发泄出来。

§ 自我压抑等于慢性自杀

小斌是某校高三的学生，他自幼学习成绩非常好，父母把希望都寄托在他的身上，希望他能考上名牌大学。因此，母亲每天晚上都陪他看书、学习到深夜。由于小斌在过重的学习及家庭的压力下，他觉得自己的精神都快要崩溃了，甚至有不想参加高考的念头。他的心情十分压抑，总是不能安心地学习，性格也逐渐变得孤僻、易暴躁，以致每天很晚了还是不能入睡，这种不良的情绪使他的成绩更是一落千丈。最终，他没能考入理想的学府。

通过上面的案例可以看出，小斌是由于心理压力过大又没有及时得到排解，从而产生了自我压抑的状况。这种心理现象在青少年中非常常见。

压抑的心理一般来源于外部环境，也有可能是来自自身。在生活中，青少年要学会适当地控制自己的情绪，但不要压抑自己的情绪。因为，每个人的情绪是不会自然消失的，如果你强行地压抑情绪会让你的心灵深处受到创伤。这种创伤可能会使你颓废，甚至还产生厌世的心理，从而对生活失去信心。

对于青少年来说，生活环境的不协调或经受过多的挫折都可能产生压抑的心理。原因如下：

1. 日常生活中的压抑。青少年在生活中必然要面临学习、生活等事情，如果自身的能力不能承担这些正常的实践任务或者经常过度地学习和生活，那么就会感到痛苦和压抑。例如：有些青少年面对繁重的学习负担及成绩下降，就会产生压抑消沉等消极情绪。

2. 日常的行为规范产生的压抑。行为规范是调节、约束人们的行为准则。如果青少年有太多的行为规范或对自己的要求过于严格，而这些行为规范与你的接受能力相差甚远，就极容易产生压抑的心理。

3. 人际交往产生压抑。有些青少年性格内向，不爱说话。在学校的大家庭中因为自己性格孤僻、内向，不能被别的同学接纳。因此，内心比较孤独、忧郁而产生压抑心理。

4. 自身的条件产生的压抑。有的青少年因为自己长的丑陋或者有其他的身体缺陷而产生自卑、忧郁等压抑心理。有这种心理的青少年总认为别人会看不起自己，其在这种消极的自我暗示中会变得自闭或自暴自弃。

§ 卸下心理负担

压抑犹如一种毒药在一点点腐蚀青少年脆弱的心灵，所以在日常生活中，青少年一定要学会及时给心灵减压，卸下心理负担，轻松前行。那么青少年如何战胜压抑呢?

1. 要正确看待自己。青少年遇到挫折时，要先找出自身的主观原因，用自己的特长去弥补自身的不足；相信这个世上没有“十全十美的人”，每个人都有优点和缺点，只要你积极向上、扬长避短，建立一个自立自强的心态，那么，压抑的心理就会烟消云散。

2. 要多交朋友。性格内向的青少年要多交一些性格开朗、乐观向上的同龄朋友。这样你就会体会到友谊的温暖，从而走出压抑的困惑。

3. 让快乐走进你的生活。有压抑心理的青少年一般都放弃了自己最喜爱的业余活动，要知道，这样做只会让你的心情更糟。此时，解除心理压抑的有效方法就是寻求快乐，你可以做些你喜欢的事情或是听些你喜欢的音乐等。心理学家研究表明，一个人的行为影响着他的情绪。如果你感到压抑时，不要拖着疲惫的身体垂头丧气地走路，要像轻风那样疾走；不要愁眉苦脸，要露出你魅力十足的笑脸，这样你就会发现阳光照射着不同的色彩。

4. 亲近大自然。如果你的精神感到压抑时，可以到公园或田间去散散步，感受一下大自然的气息。

5. 适当地锻炼身体。英国著名教育家斯宾说：“健康的人格寓于健康的身体。”有压抑心理的青少年可以做些适当的体育锻炼。例如散步、打篮球、骑车和游泳等。因为这些简单的运动可以让你的肌体得到彻底的放松，从而消除你紧张、压抑的心情。这样不仅让你精力充沛，还可以让你信心十足地面对生活的每一天。

青春日记

一个人的成长离不开适度的压力。因为只有适度压力的存在，我们才能够不断地进步，不断地拥有成功的喜悦，才能够健康快乐地成长。在人生道路上，成长需要很多的动力，但同时也需要压力。因为只有压力，才会有向前的一个推动力。正所谓“吃得苦中苦，方为人上人。”

在成长的过程中，每个人所面对的压力是不一样的，不同的人的解决方式也是不一样的。“压力是弹簧，看你强不强，你强它就弱，你弱它就强。"如果人经常处在安逸的环境中，就无法激发出自身的潜能，只有挫折和苦难才能成就一个人真正的成功。正如俗话所说：“生于忧患，死于安乐。”只是我们要学会正视压力，学会排解那些不必要的压力。

极度浮躁

所谓浮躁，就是轻浮、做事没有恒心、见异思迁、心绪不宁，总想不劳而获。青少年时期是一个人从不成熟走向成熟的过渡期，这是个朝气蓬勃、充满活力的个性发展时期，这一时期同时也面临着多种危机。对目标的专注度不够，对目标的耐心度不足以及现有的目标不切实际都是浮躁的表现。青少年存在浮躁心理程度各不相同。从内心来说，浮躁者没有实实在在的艰苦奋斗精神，总抱着侥幸心理期望成功。

§ 浮躁是成功的大敌

王强是一名初二的学生，成绩中等。他很聪明，但就是干什么事情缺乏耐心，学习时注意力不够集中，做题时粗心马虎。比如一道很简单的题，他都会出错，不是少个符号，就是忽略一个步骤。做题时毛毛躁躁，所以很简单的题目，他都把握不住。有时候难一些的题目，他反倒能轻松解决。为此父母伤透了脑筋，但是他就是无法改正自己马虎的习惯。

王强的马虎其实是一种浮躁的情绪反应。自古以来，中国的历史文化一直教人们为人处世要沉稳、含蓄，心平气和、不急不躁。其实，在传统的文化中，上一辈人都在劝告下一代要戒骄戒躁。就像《论语》中所说的，“欲速则不达，见小利则大事不成”。还有“小不忍，则乱大谋”“三思而后行”等等。然而，浮躁现在已成为一些青少年的心理通病之一，他们对前途盲目，对做任何事缺乏思考和计划；学习时心神不定、缺乏主动、恒心及毅力。比如，有的青少年看到歌星能挣大钱，就盲目地想当歌星；看到著名的作家，又想当作家，就这样整天浮想联翩，但又不愿付出行动。还有的青少年爱好转换太快，不管做什么事都忽冷忽热的，今天学弹琴，明天学古筝，三天打鱼两天晒网，最终一事无成。

青少年产生浮躁心理的原因如下：

1. 由于家庭环境产生的原因。在社会不断更新的现代社会里，很多父母都处于矛盾甚至无法适应状态。于是，就表现出心神不定、急功近利等急躁的心态，这种不良心理往往直接影响到子女们的身心健康。

2. 青少年对自己的期望值过高，在班级激烈竞争的氛围中，心中定的目标不是太明确。于是就容易出现心神不宁、迫不及待、烦躁不安。

3. 遗传基因的缘故。有关心理学家研究表明，性格好强而头脑不灵活的青少年容易产生急躁、沉不住气，做事好冲动，注意力不集中。

4. 从青少年的自身表现来看。一般攀比心理也是产生浮躁心理的直接原因。俗话说：“人比人，气死人。”在心理上经常和别的同学攀比，造成对学习环境不适应，对自己现有的状态不满足，于是浮躁心理就油然而生。

5. 有些父母全力以赴地给孩子灌输文化知识，却忽视了孩子的道德品质及意志的培养，因而造成有些青少年在学习过程怕苦怕累，做事急于求成，缺乏应有的恒心与意志。

§ 脚踏实地出真知

如今，青少年浮躁心理是一种情绪冲动和盲目相交的心理病态，这种现象与艰苦学习、脚踏实地、励精图治、公平竞争刚好相反。青少年有浮躁心理是一种不健康的表现，这对青少年的身心健康有很大的危害性。它不仅会使青少年失去对自我的明确定位，还容易让青少年随波逐流、盲目行动。因为它可能导致青少年为了侥幸成功而铤而走险，最终，掉进犯罪的深渊。因此，对此表现必须给予及时的克服。

1. 青少年在攀比时一定知己知彼。俗话说："有比较才有鉴别"，比较是人们获得自我认识的重要方式，然而比较时要到"知己知彼"，只有"知己知彼"才能清楚自己的优势和短处。

2. 青少年要以"实事求是，不自以为是"为目的，这是为今后的革新求变打基础的。

3. 调节好自己的心理状态。当心情不好或为学习而烦躁时，可以放一曲优美、舒缓的音乐，来减轻心理上的负担，等心情平静下来了，再全身地投入学习中。这样，就会心无杂念、专注学习，浮躁的心理慢慢地就会自然消失。

4. 青少年遇事时要善于思考。考虑问题时要从现实情况出以，最好不要跟着感觉走，目标要切合实际，在实践过程中要有坚强的意志，从而走向成功的阶梯。

青春日记

浮躁的人总是会一味地追求速度和效率，做事情时马马虎虎，既没有充分准备，但也没什么计划，只凭脑子一热，兴头一来就动手去做。他们恨不得一日千里，一蹴而就，却往往事倍功半，结果只能与成功背道而驰。如果我们想让学习取得长久的成功，就必须静下心来，摆脱速成心理的牵制，看清人生最根本的目的，一步一个脚印地走下去。只有这样，才能达到自己的目的，最终走上成功乃至自我实现的道路。浮躁是人生的大敌，会葬送掉我们的美好人生。

怎么看他都不顺眼

敌对是一种消极的个性品质，是具有攻击欲望而不转化为攻击行为，它和攻击的进攻性、侵犯性完全不相同。一般有敌对心理的青少年软硬都不吃，经常对他人抱有不友善、敌对的态度，甚至把别人对他的赞扬看成讽刺和嘲笑，把老师和同学对他的善意批评和指导看成是恶意，轻则闷在心里，重则产生报复、破坏的行动，最终造成不良的后果。

§ 多一份敌对，少一个朋友

汪洋是一个性格孤僻的人，他总是独来独往，平时在班里也不怎么说话。班里也没有人愿意跟他说话，甚至很多人都有些怕他。这时班里新转来一个男生，由于他并不是很了解汪洋的性格，而刚好又跟汪洋坐在一块，于是，就热情地跟汪洋说话，可是汪洋却爱搭不理。那男生就开玩笑地说："看你闷着脸，是不是心情不好啊！"令大家都很意外地，汪洋站起来，拿着书砸了那个男生一下，然后径自走出了教室。

班里的同学立即跑到转来生面前说："你不要跟他计较，他就是这样。谁都不敢理他，他也不跟别人说话，好像所有人都是他的敌人一样。"

转来生委屈地摸着自己的头，无话可说。

案例中的汪洋有很明显的敌视情绪，他把所有的同学当成敌人。所谓敌对，其实是一种敌视、对抗的情绪状态，它是指一个人因遭受挫折而引起的强烈不满所表现出来的一种仇视、对抗的态度。

有敌对心理的青少年主要是与他人心理不相容而产生敌视、对抗的消极心态。他的目的就是在心理上给别人造成伤害并使对方感到痛苦和不愉快。具有敌对心理的青少年经常在班里对某人搞一些恶作剧，有的甚至以戏弄或殴打他人为乐。这种类型的青少年在家里顶撞父母，不愿意听他们的话。

具有敌对心态的青少年，常把自己身边的人看成"敌人"，觉得他们对自己只有百害而无一利。对他们常常是怒目相对、冷漠仇视，不管别人是出于善意还是恶意，在主观意识上都觉得一切于己“不利”。另外有敌对心理的青少年对他看着不顺眼的人，常常是冷眼相对、动辄非难，尽管别人没有触犯他，但是由于偏见的诱惑发出敌视的感觉，使他会随时随地表现出这种敌对的心态。

青少年形成敌对心理的具体原因如下：

1. 心理不成熟。青少年时期的心理发展是正处于走向成熟的过渡时期，在这期间青少年的身体发育加快，由于成人感和独立意识的增强，不想事事都依赖他人，因此，要求独立自主。但是，因为自身的水平有限，造成看待问题比较片面，思想感情不稳定，缺乏坚强的意志。对一些主客观矛盾而造成的后果，似乎只有反抗和敌对才能显示出自己独立自强的意识。

2. 不正确的教育方式。有些父母对孩子管教太严，态度过于粗暴，动不动就打骂。所以，孩子的心灵受到了伤害。有些老师没有端正自己的态度，对一些学习不好、能力差的学生抱有偏见，这些学生没有受到公正待遇而自尊心受到挫伤。由于这些青少年接受不了父母和老师的态度，内心产生了极度不满和愤怒，进而产生敌视情绪。

3. 过重的学习压力。现在的教育方式很多是应试教育，造成青少年的学习压力过大，由于承受能力有限，便经常用敌对的态度来发泄自己心中的苦闷。如对同学、老师或家长常有敌对的倾向，甚至用摔书本、踢墙来宣泄心中的不满。

§ 正视自我，学会宽容

青少年时期有敌对情绪是一种不健康、不和谐的心态，它严重危害了青少年的身心健康。如果青少年发现自己有敌对情绪，首先要全面意识到敌对情绪对自己的成长和人格是极不利的，这是一种消极、低调的生活方式。所以，青少年要及时克服这种不良行为。

1. 正确了解自己。青少年有敌对心理，一般是因为不了解自己而引起的，所以要多和父母、老师及同学交流；通过沟通，让他们指点一下自己的缺点和不足，然后扬长避短、积极向上，这样不仅可以化解误会，还可以增进之间的了解。

2. 青少年要学会热情待人。这个世界上人与人是相互平等的，不管别人的才智、地位和名声如何，都应与之热情相处，因为，任何形式的轻视、歧视及敌视都是产生敌对心态的温床。只有接纳他人，别人才会接纳你。因此，青少年在人际交往中一定要学会包容、谅解，久而久之绪就会日渐淡化、消弭。

3. 要充分发挥自己的优势。每个人都有自己的优点和爱好，虽然有些青少年学习成绩不好，但可能在其他方面有优势，如：绘画、跳舞、篮球等，只要你尽情发挥特长，就会发现自己其实也很棒。

4. 要有积极的生活态度。青少年要清楚地知道，在这个社会上生存，会遇到很多不尽如人意的事情。因此，要有积极的态度去面对这些事情，学会用科学的精神和思想来看待事物，就会避免出现一些偏激的现象，就会在不良环境中保持积极、平静的态度，就会减少情绪的冲动或敌对的情绪。

5. 积极的暗示自己。如果你无法与父母或老师沟通，你的各方面能力又不突出，此时，你不要灰心丧气，要用积极的心态给自己暗示，比如："我很高兴""我很幸福"之类的积极话语。然后，保持一个愉快的心情，这样，不仅可以减轻敌对情绪还有利于其他方面的健康成长。

6. 要学会宽容。有敌对心理的青少年对自己要宽容，在做任何事情时不要把目标定得太高。对别人要有宽容仁厚的心态，不要斤斤计较，用友善的态度与别人交往，即使别人错了，也要用宽容的态度去谅解。只有学会宽容，才能拥有一个健康、和谐的人际关系。

青春日记

法国著名文学大师雨果曾说："世界上最宽阔的是海洋，比海洋宽阔的是天空，比天空更宽阔的是人的胸怀。"对伤害自己的人，报以宽容谅解时，不但会化解、避免很多无谓的矛盾和是非，而且会产生一种温暖的自我完美感，可以消融自己的痛苦和烦恼。谅解一次人，多造一次福；多争一次强，只会让你多一个敌人。患得患失，只会让你烦恼无穷。因此，生活、学习中对朋友多一份宽恕、多一份谅解，不但可以点亮别人的人生，也会照亮你自己。

真拿抑郁没办法

抑郁症是长时间的心情低落状态，多半是因为焦虑、身体不舒服和睡眠不足等障碍造成的，这种现象具有较强的隐蔽性。这是最常见，同样也是最不容易识别的心理障碍。它主要表现是绝望、悲观、烦躁、不良的饮食习惯、失眠、兴趣减少或注意力分散等。

§ 抑郁让生活失去活力

小张是某重点中学的初三学生。半年前开始出现失眠、头晕、头痛、胸闷、心慌、上腹不适等症状，整天胡思乱想、郁郁寡欢，对前途悲观绝望，整天无精打采，精疲力竭。以前他很爱学习，现在也失去了兴趣，经常旷课，不愿外出，不愿说话，对中考失去了信心，不想上学了。即使在父母劝说下回到学校，上课时也多是发呆，经常感到脑子不够用，记忆力下降，注意力不集中。晚上难以入睡，早上醒得很早，常常清晨四五点就醒了，发愁第二天怎么过。这样的情绪一直左右着他，让他觉得生活没有希望，自己是一个废人，还连累了家人，很想一死了之，曾多次自杀未遂。

故事里的小张就是典型的抑郁症患者。抑郁症是一种较持久忧伤情绪体验，并伴有躯体不适和睡眠障碍等问题。由于青少年处于心理转变的关键时期，他们还没有具备适当的能力和技巧去应对挫折，而且父母对他们过高的期望又使得他们的压力加剧，在这种重压之下，很容易抑郁。

抑郁是一种不快乐的心境。青少年抑郁障碍主要是以抑郁情绪为核心，伴有相应的思维改变。主要是因为在学校发生些矛盾而感到环境压抑，常常因此心烦意乱、郁郁寡欢，有时逃学，还要求调换学校等。他们对自己喜欢的事情失去兴趣，情绪低落，思维活动迟缓，行为和动作迟缓，不愿与父母或其他人交流，情绪严重者还会有自杀的意识和行为。青少年的抑郁主要表现在如下方面：

1. 没有活力。青少年本应处于人生活跃的年龄阶段，但是抑郁的青少年却像整个人都垮掉了一样，无论做什么，都没有任何精神动力。

2. 有睡眠障碍。这是忧郁患者常出现的毛病，这些患者通常比正常情况多花两个小时以上才能入睡；就算入睡后也会在中途醒来好几次；或者比正常睡眠时间提早两个小时醒来，称为“早醒型失眠”等。

3. 反抗父母。有些青少年因为父母的管教过严，到了青春期或走上社会后，不但不跟父母沟通交流，反而处处与父母闹对立。一般表现为不整理自己的房间，乱扔衣物，洗脸慢，梳头慢，吃饭慢，不完成作业等。在学习上表现为逃学、旷课，较严重的夜不归宿，离家出走，跟父母翻过去的旧账，甚至要与父母断绝关系。

4. 无望感。抑郁的青少年会觉得自己一无是处，而且总是会过多地责备自己，感到个人的一切都很糟糕，前途暗淡无光。即使是处于顺利的环境下，也不会有什么高兴的情绪，反而感到忧虑或担心。

5. 情绪波动较大。大部分时间意志消沉，几乎每天如此。抑郁的青少年表现为情绪莫名急躁，经常是坐立不安和焦虑，有时达到激越的程度。焦虑可以引起缺乏耐心和愤怒，并且即使是低度的压力，也难以应付。

6. 有自杀的趋向。重症患者利用各种方式自杀。反复出现自杀的念头而没有明确计划，或试图自杀，或有明确的自杀计划。

§ 摆脱抑郁，让生活变轻松

抑郁症给青少年的成长造成了极大的危害，由其导致的自杀可给家庭带来不可估量的伤害和损失。那么，青少年如何走出抑郁呢？

1. 参加一些有益的活动。抑郁的时候可以主动参与一些积极的活动，以提高自己的情绪。例如，你可以看看自己喜欢的书，和朋友一起出去踏青或者做些运动。抑郁的人需要积极的活动，否则，就会像不断支取银行的存款却从不储蓄一样。积极的活动相当于你在银行里存款，哪怕你所从事的活动，带来的积极效果极其微小，你也要为此而高兴，因为你的存款又增加了。

2. 培养幽默感，学会自嘲。不妨把自己的人生看作一出戏剧，而且还是一部传奇浪漫的喜剧。不管是生活，还是学习，无不是戏剧化的场景，在演戏的同时，不要忘了欣赏。培养幽默感不仅能使生活变得诙谐，而且可以使人变得更有吸引力。研究证明，一个不懂幽默的人，他就不懂调节情绪的方法，他所遇到的困难也就越多，他的情绪也最容易消沉。

3. 学会正确地发泄。有抑郁心理的青少年可以把心中不愉快的事向父母或知心朋友诉说，不要把它存放在心理，这对你身心健康是极不利的；如果你内心非常难受而身边又没有人可诉说时，可以把自己关在房间里大哭一场或记日记。这些都有助于你消除抑郁心理。

4. 善于挖掘自己的优点。只有使自己的优点在自己身上明确起来，并发扬光大；使缺点与优点在自己身上明确地分离开，让缺点在心中变得渺小；使发扬光大的良好品质真正地在自己身上起支配作用，建立积极的心态，这样才能更好地表现最好的自我，更积极主动地发展最好的自我。青少年朋友如果能够如此肯定自己，你才能得到和优秀学生一样的肯定，从而走向成功。

5. 理智地控制自己的情绪。有抑郁心理的青少年要学会容忍和包容，并磨炼自己坚强的意志力。因此，你可以通过自己的意志力来消除心中不愉快的情绪，并保持一个乐观向上的积极情绪。改变认知，完善自身的人格，增强面对困难和挫折的能力与自信。只有这样，才能达到根治的目的。

6. 多结交朋友。经常和朋友保持联系的人，他的精神状态远比喜欢孤僻的人好得多，因为一个人生活在集体中，就感到集体的力量，这样不仅可以增强自信心，还能减轻情绪上的抑郁。

7. 保持友善的心态、学会自我安慰。拥有一个快乐的心态能使人的神经系统的兴奋水平到达最佳状态。所以，有抑郁心理的青少年在遇到不愉快时，要多往好的方面想想，用一个乐观的心态去面对一切，保持豁达、乐观的情怀。不要好高骛远，要勇敢地面对现实。

青春日记

让抑郁症远离这个花一样的年龄，我们要有意识地倾听自己内心的需求，时不时地停下匆忙的脚步，反省一下是否伤害了自己，伤害了别人，这样才能走出抑郁的沼泽。让快乐围绕在我们的左右，让成功靠近我们，让我们成为一个身心健康的人。

易哀易悲观

青少年时期是身体和心理发生变化最大的时期，在这个成长过程中他们会遇到很多困惑和烦恼。对于这个时期的孩子来说，如果成长的烦恼没有得到合理的宣泄和解决，那么孩子很容易产生挫折和失败的心理，此时会有悲观心理的产生，而且，将会对身边的很多东西失去兴趣。

§悲伤是人生的绊脚石

琳琳是一个活泼可爱的高中生，但是病魔却在悄悄地靠近她。她总是感觉自己头痛，开始她只是认为可能是因为学习太紧张了，最后，实在是痛得厉害，她就把这件事告诉了妈妈。妈妈担心女儿有什么事，随即带她去医院检查，结果出来后，令她的家人都大吃一惊，结果是脑瘤，琳琳怎么也不相信这是真的，尽管医生说这种病可以治疗，但她总是很悲观，整天想着自己快要离开这个世界了。

在心理学上，悲观是对自己的言行感到不满而产生的一种不安情绪，也就是心理上的自我指责，觉得没有一丝的安全感及对害怕面对现实等多种心理形成的混合物。

一般悲观的人，先把自己打败，然后又被生活打败。像这种悲观心理在青少年时期相当普遍。特别是初一、高一年级的学生这种情况最为明显。因为青少年时期是人的生理和情感及对社会的认知变化最大的时期，在这个过程中，青少年面临各种各样的环境和变化，从心理上将会有很大的转变。所以当孩子来到一个新的环境中时，他不愿意面对新的生活和环境，造成对这个社会适应不良，这种消极心理就会使孩子陷入悲观和压抑。

青少年在交往的过程中有取悦他人的倾向，经常承受不属于他自己的过错。这就和他们内心的悲观心态有关。此时，心里也会相当痛苦和难受。所以迫使他们形成胆小怕事、怯懦、退缩、忍让等不良习惯。

这种类型的人所受的痛苦是有限的，同样前途也是有限的；人的一生总是会经历一些不如意的事，有时自己的行为表现也并非令人满意，也可能会导致自我批评和害怕等情绪。所以，悲观的青少年没有必要整天沉湎于这些感受之中。要经常鼓励自己积极向上，经受多种磨难，做一个乐观向上、朝气蓬勃的年轻人。

§保持乐观，笑对生活

悲观是人生观理论中的一种形式，有关专家认为："人生如果同上好发条的钟摆，盲目地走只是听命于生存意志的摆布，那么，追求人生的目标和价值就毫无意义了。"因为每个人都有意志也都有欲求和渴望。所以，如果欲望得不到满足，那么就会使青少年悲观失望。尤其是青少年在自信不足时，悲观的心理就会大大增加，这也是产生悲观的主要因素，同时它还会在行动上带来阻碍，使你对未来产生犹豫不定。所以，青少年为了美好的明天要战胜悲观心理。方法如下：

1. 乐观是心胸豁达的表现，是人际交往的基础。要和乐观的人做朋友，在和他们交往的过程中，学习他们看待事物的态度和思考模式，根据实际情况不断地改变自己的认知和心态。而且，和乐观的人在一起容易感受到更多的快乐，可以有助于你从悲观的情绪中尽快走出来。

2. 了解自己的心态，多到外面看看或旅游等，让自己全身心地投入到大自然的怀抱中。利用外界的景物赶走心中的不愉快，让大自然的宁静给你带来轻松的好心情。

3. 如果你悲观的情绪难以自拔时，可以暂时转移注意力，听一些轻松的曲子，让音乐的旋律溶解你内心的不良情绪，也可以跑步进入另一种状态。

4. 失败是成功之母。放弃过去的任性和执着。用积极的态度，为自己增强自信心，脚踏实地寻求成功的方法，消除悲观的心理。

青春日记

人的一生中，总会避免不了要遭遇一些困难和失败。这时，人生需要放眼长远，超越个人的成败得失，更加自信地面对未来。每一次的失败，都是一次超越的机会，消极地面对就会把一个活力剥削殆尽，变成行尸走肉。乐观的人生，是浮荡在地平线那袅袅升起的热望与希冀，是寻得一份旷达与美好的铺垫与勇气。在乐观中撷取一份坦然，你的面前就会盎然多彩，才会让梦想走得更远！

透析自负

现在很多青少年都是被家长捧在手心里长大的，他们都有一些“王子”“公主”的优越感，常常觉得自己才是最棒的，盲目地骄傲自负，这对青少年的成长造成了严重的负面影响。

§ 骄兵必败

玲玲是个非常优秀的学生，人长得漂亮，有一双会说话的大眼睛，能歌善舞，素质发展非常全面。在学校是个受欢迎的学生，学校领导看着喜欢，班主任老师更是视为班级骨干，回到家里，爸爸妈妈又把她捧为掌上明珠，爱宠有加。

有个这样能干的学生，作为班主任当然十分高兴，一直都很重用她，凡事都让她管，渐渐地她越来越自命不凡，和同学之间的矛盾也越来越大。学期开学要重新成立班委会，班主任征求她的意见，她说这个。“太笨”，那个“不会说话”，不是摇头就是撇嘴，意思十分露骨：全班除了她没人能当班干部了！也许正是她的这种态度，引起了同学们的不满，班干部竞选时，她以 11 票之差落选了，当时，她就急哭了，中午拒绝吃饭表示对竞选的不满。

上述案例中的玲玲属于典型的自负心理。自负就是自己过高地估计自己。人的自我意识主要包括三个方面，自我认知，自我意志，自我情感体验。评价自己，要靠自我认知，有的人过高地评价自己，就表现为自负。有自负心理的人有很强的自尊心，认为自己很了不起，总是把自己凌驾于别人之上。与人交往时，他们倾向于把自己的观点强加于人，即使明知自己错误，也不愿意改变自己的态度，接受别人的观点。自负的人经常以自己为中心，很少顾及他人的感受，甚至认为别人为他服务是理所当然的，高人一等的观念深植心底。

自负性格的产生主要是由于潜意识中的错误信息造成的。可以说自负者缺乏自知之明，夸大自己的长处，不明自己的短处。有史以来，因为骄傲自大、极端自负而折戟沙场的例子甚多。如：拿破仑的“滑铁卢之役”、曹操的“赤壁之战”、关羽的“走麦城”都给后人留下了深刻教训。如今，有的青少年因为自负而不能和伙伴友好地相处，有这种心理的青少年常常有高高在上、盛气凌人的不良表现；有的青少年不尊敬长辈、对别人傲慢无礼。还有的青少年因为自负不爱与别人说话，不回答别人问的问题。这种不正常的心理表现严重影响了青少年的健康成长。

§ 避免自我膨胀

美国著名哲学家富兰克林曾说：“自负是一个人要除掉的恶习。”可见自负对人是有百害而无一利的。一般有自负心理的青少年大多数是独生子女或是家庭条件较好的孩子。青少年有自负心理的一般表现为：自视过高，总是认为自己非常了不起，不关心别人，任何事情都从自己的利益出发，从来不顾及别人的感受，最终门庭冷落、孤单一人。自负不但会给青少年造成负面影响，还会影响他们的生活、学习和人际交往及心理健康。

水可载舟，亦可覆舟。自负可以给人以信心，使人能坚定地战胜困难，勇往直前。但是，自负又必须建立在客观现实的基础上，脱离实际的自负不但不能帮助人们成就事业，反而影响自己的生活、学习、工作和人际交往，严重的还会影响心理健康。既然自负对我们危害那么大，那么，我们就应该培养良好的习惯去克服它，不让它滋生蔓长。要克服自负心理就要从以下几方面做起：

1. 提高自我认识。要全面地认识自我，不要孤立地自我评价，要把自己放在社会这个大系统中去观察，既要看到自己的优点和长处，又要看到自己的缺点和不足，不可一叶障目不见泰山，抓住一点不放未免失之偏颇。五指有长与短，人也一样，不能总以为自己比别人强而贬低别人的价值。要以发展的眼光看待自己，既要看到自己的过去，又要看到自己的现在和将来，不要总是沉浸于过去的成就中，要放眼未来，因为辉煌的过去并不能代表现在，更不预示着将来。

2. 努力做到心中有他人，不以个人为中心。目中无人，盛气凌人，是自负的一贯表现。自负者目空一切，总认为自己是最优秀的，谁也不如自己。要做到心中有他人，常常换位思考，牢记“己所不欲，勿施于人”，和善待人，取他人之长补己之短，完善自己，远离自负。

3. 培养谦虚的习惯。谦虚是建立良好关系的基石，谦虚能够让我们更好地与别人沟通，尊重别人的同时得到别人的尊重；盲目骄傲自大的人就像井底之蛙，目中无人，自以为是，严重阻碍了自己继续前进的步伐。所以，拥有一颗谦虚的心是个人自觉成长的开始。

4. 培养不显露自己才华、常自省的习惯。自负者往往是习惯沉浸于虚无的胜利中的幻想者，常常因为一次的成功就自我满足，眼前显现的、耳边响动的永远是早已逝去的昔日的鲜花与掌声。被光环围绕得太久，就容易将光环演变为锋芒，锋芒在适当的场合可以发挥有利的作用，但是它有可能会刺伤到别人，甚至是自己，所以要学会正确地运用这把利剑。过分外露自己的才干，不分场合地显露自己的才干，只会让别人瞧不起你，甚至排斥你。如果一个人能经常进行自我反省，能够静下心来想想自己今天所做所获，那么他就不会有自负心理了。

5. 能够接受批评。自负的人往往不愿意接受别人的观点，改变自己的态度。他们认为接受批评就是对自己的否定。其实接受批评并不等于让自负者完全服从于他人，只是要求他们能够接受别人的正确观点，通过接受别人的批评来改变过去偏执的心态，达到最终克服自负的目的。

青春日记

常言说：“天不言自高，地不言自厚。”没有多少人愿意信赖一个言过其实的人，更没有一个人愿意帮助一个出言不逊的人。中外哲人都劝人要以谦逊为上，不要自作聪明地显示、夸耀自己的才能和实力。保持谦虚就会多一份清醒，少一份自我陶醉，把自己看低一点，就能常提醒自己：“山外有山，天外有天”，从而见贤思齐，取长补短，完善自我。如果只看到自己的优点，忽略自己的缺点，如果常常目中无人，拿自己的长处去和人家的短处比较，就会把自己越看越高，这样就永远无法获得进步和发展。

第三章

爱我你痛了吗？——情感挫折

“苦涩的沙吹痛脸庞的感觉，像父亲的责骂母亲的哭泣，永远难忘记……”

人与人之间的情感皆可为“爱”，亲情之爱，友谊之爱，恋人之爱，青少年的情感也因这些爱而时刻变化着。

青少年成长深受身边环境的影响，他们的心灵十分脆弱，家庭情感不和、朋友之间出现矛盾、懵懂情感的滋生等，这些都会让他们不知所措。

此外，如何与父母亲相处，是青少年们的心理负担与困难之一。随着思考方式的改变，年轻人也会改变对父母的看法，开始批评父母的言行，甚至“看不起”父母，形成了代沟隔阂。细腻的感情线会带给他们消极的思想，引发消极的行为，这些对于他们的成长都是十分不利的。

我恨我的父母

如果一个人内心深植着一个仇恨的种子，那么他就会变得失去理智和正确的人生观，甚至会做出傻事，除非有什么事能消退他的恨。天下最亲的亲人莫过于父母，而现在却有许多人恨着自己的父母，尤其是进入青春期的孩子，这是父母与孩子之间最大的悲哀。

§ 恨之深源于爱之切

乐乐是一个15岁的孩子，本应在学校里坐在教室里学习，如今却蹲在监狱里与许多犯人为伍。在这件案情的审理过程中，他说："4岁那年夏天，幼儿园老师因我的一次不听话，对我愤怒地诅咒：'不听话长大了去坐牢。那个时候，我并不知道坐牢是什么意思，只知道老师发怒了。而这句'长大了你要去坐牢，话后来就一直陪伴了我十多年。每当我顽皮的时候，父亲就会用'难怪老师说你长大了要坐牢的''你这个坐牢的坯子，要吃枪子的'等话来教训我，接着便是无尽的打。"这种恨铁不成钢的棍棒家教一直持续到乐乐15岁那年。乐乐说："当我有力量与父母拳脚抗衡、他们已打不赢我时，其家教方式又转变成了'放弃式的家教'，于是我便经常听到父母诸如'我们已管不了你，我们只当没生你这个儿子'之类的话。父子成仇、母子成仇，那个时候，家已成了一个充满仇恨的地狱，后来，我便偷了5万元钱离家出走，也因此换来了监狱生涯。"

一般情况下，孩子仇恨父母的原因有以下两点：

1. 无情的打骂和诅咒。平时人们看社会新闻时，经常会看到这样的消息，一个爸爸或是妈妈失手打死了自己的孩子，追悔莫及；一个十几岁的孩子，无法忍受父母的粗暴管教，不堪父母的暴力，把亲生父母杀死了！如果青少年的仇恨心理没有达到极端的话，他怎么会去杀死自己的亲生父母呢？这些都是因为一个恨字而起。据一项曾对多数犯罪青年进行的调查显示：几乎90%以上的犯罪者都有一个扭曲的童年，都承受过父母过多的指责和咒骂，都挨过打，而自己这样做就是为了报复父母。

当孩子从小就听惯了“要砍脑头”“挨刀”“吃枪子”或“坐牢”等咒骂后，其心理也就形成了一种定式，咒骂已扎根于幼小的心灵深处，一旦这种咒骂积累到一定数量，就会使之产生潜意识的质变。父母对孩子错误行为的指责本无可厚非，但一旦到了诅咒的地步，指责就成为打击孩子自信心和自尊心的棒槌。一个人如果丧失了自尊心，很有可能就会变得沮丧、颓废、萎靡不振，就会自暴自弃、自轻自贱。因此过多的指责或诅咒孩子，就如同残害他们的生命。更不知许多孩子在年复一年、日复一日的打骂中，渐渐会产生对父母的仇恨心理，而这种心理一旦形成，要花很多功夫才能纠正过来。尤其是处于青春期，身体里长满了叛逆因子的孩子，无情的打骂会使他们更加恨自己的父母。

2. 父母的漠视与不关心。许多家长，觉得自己对孩子的爱就是给他好的物质生活，即吃穿无忧，关心他们的身体健康，即他们不生病。对于孩子的心理健康却一概不管不问，只要求孩子达到自己的要求。孩子的心还是一棵没有长大的小树苗，他还需要父母爱的灌溉和呵护——他希望父母不要因工作而忘记了他们的存在，在工作之余多陪陪他们，听他们说说话，带他们出去玩；每天问候一下他们。而父母却总是对此漠不关心，久而久之给孩子这样一个信息：父母不爱我，他们讨厌我，我恨他们。

§父母对你的爱是不变的

母爱永远是最伟大的爱，而父亲的爱有时不是通过语言来表达的，有时要让我们自己去体会，想想在我们生病的时候，最担心的人是父母；在天气变冷的时候，最为我们担心的还是父母……无论在什么地方，最牵挂你的人都是你的父母，所以不要怀疑父母不爱自己。

1. 学会原谅和包容。《圣经》里说：“爱能遮掩许多的罪”“我们要爱仇敌”。人们连“仇敌”都能爱，为什么不能爱有过错的亲人？即使父母有时候无情打骂了自己，破坏了和谐，让你觉得他们待你不像亲人，我们也不能就此以怨报怨。因为是他们赋予了我们生命，并养育了我们。

2. 说出自己的想法，和父母沟通。有时候父母的做法确实欠妥当，所以这个时候我们要学会和父母沟通。说出自己的想法，不要闷声不吭，这样只会让父母心里更加窝火。而且我们要学会理解父母“望子成龙，望女成凤”的迫切愿望，恨之深源于爱之切，父母看似无情的打骂，实则包含了他们多少的期望。所以要学会跟父母沟通，理解父母的爱。

青春日记

父母对于子女来说，是座耸立的高山，而子女只是颗石子，源于山，却并不了解山。在亲情的沃土上有诸多爱的密码，是需用细节和心灵来解读的，在这片沃土上，要想摘到最美的果实，唯有期待那存在于瞬间的心与心的共鸣，爱与爱的默契。

父母一点也不理解我

很多青少年认为父母只盯着他们的学习成绩，却忽略了他们其他方面的感受。久而久之，父母和孩子之间的距离就越来越远。

§ 代沟隔断了理解

李阳是初中二年级的学生，但是在这个花季的年龄里，他却一直想着“把爸爸赶出去冻死，然后我出家”。原因是从小学二年级开始，他每次都是被爸爸看着强制学习。为了让他专心学习，爸爸曾拿走了孩子房间里一切好玩的小东西，而且不让看电视，不让出去玩，学累了也很少让他休息。有一次学累了，爸妈竟一人掐他腰，一人扭他耳朵让他去学习。李阳觉得很郁闷，他觉得父母不了解他，于是处处和父母作对，不仅爸妈说的话坚决不听，就连父母爱吃的菜他都不吃了，为的是“和他们划清界限”！

现代社会，思想的发展迅速，各种新兴的思想随之而生，家长的思想变化已远远赶不上时代的潮流，使本来就已存在的代沟现象更为严重。代沟成为困扰两代人之间的最重要的问题之一。那么，“代沟”是如何产生的呢？

每一个处于青春期的孩子可能都会有这样的体会：小时候觉得爸爸妈妈是最完美的人，上了中学后却发现了他们的一些缺点；小的时候跟爸爸妈妈上公园逛商店，总愿意爸爸妈妈拉着自己的手，可上了中学就不愿让他们领着了，总想自己去玩；小时候什么都与父母说，长大了却发现父母原来不了解自己，就封闭了这个通道。这就是"心理断乳期"的表现，由于两代人生活与成长的环境不同，在思想和行为上有一定距离是很自然，很正常的，有人称之为"代沟"。那么为什么会产生这种现象呢？

首先，要明确这是一个正常现象，有其发生的必然性。随着年龄的增长，青少年的自我意识会慢慢苏醒，同时对父母的意见不再是简单地服从、照办，而是要分辩是与非。他们希望自主地安排生活，不希望更不愿意父母干涉。但父母仍然用昔日对待儿童的教育方法，这已不能适应这一阶段的青少年心理发展的特点，于是就会让青少年产生父母不了理我这样的感觉。这就产生家庭矛盾，也慢慢演变成为代沟。

其次，父母的教育方式的不足之处导致了这种现象的出现。父母的一生总有这么多的理想没有完成，而他们习惯于将未完的理想与信念都寄托到孩子身上，让孩子成为他们梦想的延续，他们设计的孩子前程就是他们年轻而未完成的青春理想。而孩子也在追寻属于他们自己的理想，这就产生了思想上的矛盾。

§ 代沟隔不断爱

虽然代沟现象是常见的，但是不加以重视，也会产生巨大的危害。它可能是导致青少年学习问题产生的主要原因。所以，在面对代沟时，作为青少年不要一味地怨怪父母，以逃避了事，要敢于面对，正确地解决才是科学之道。

常言道："话不说不明，理不辨不清。"要解决代沟这一问题，最重要的方法就是加强两代人之间的沟通。站在青少年的角度，要明白：父母是爱我们的。父母所做的一切都是以为孩子的将来考虑作为前提的。对孩子事事关心，事事过问，一切都要控制在自己的视野之下。这虽然是爱子心切的表现，但管得过死，难免就会产生冲突，使孩子们感到父母不理解他们。在面对这种情况时，要及时地把自己的想法说与父母，只有让父母明白了这一切，才有解决的可能性。假如你一时难以理解父母的要求，在这种情况下不要与父母"对立"，记住父母的话，并在实践中去逐步认识和理解。这样，你就容易与父母保持友好、平等、和谐的关系了。最要不得的做法是认为父母不理解自己，就更加封闭自己，并且不断地埋怨。那样只会使隔阂越来越大。

另外，要学会站在父母的角度考虑问题。现在的父母多半都认为，对于孩子来说学习永远是第一位的，因而忽视了子女情感、兴趣、心理等多层次的需要。但是随着年龄的增长，每个人的需求就会不断地升高，孩子们还有许多想法，有些想法是父母年轻时不曾有的，所以也就会意识不到，就出现了不理解。所以，要站在父母的角度看待自己的成长，那样就会生出理解与宽容。

现在人们常说“理解万岁”，孩子们在要求父母们理解自己的同时，也要去理解父母。“金无足赤，人无完人”“人非圣贤，孰能无过”，我们不能要求自己的父母没有一点缺点和失误。要知道，理解是相互的。

青春日记

父母的爱往往是难以用语言来表达的，只能用心去感受和领悟。很多时候，我们怨恨，我们苦闷，并不是我们没有得到爱，而是忘了用心去感受。父母对孩子的爱是无私的。而面对父母，我们似乎是苛刻的，我们没有因为获得许多爱而去感恩，却常常因为欲忘没有满足而去怨恨他们。我们常常忽略父母的95%的爱，而把怨集中在5%的不满意上。所以用心去感受父母的95%的关怀与爱，忽略5%的不满意吧，你会发现父母正每时每刻为我们付出无私的爱，我们没有任何理由去抱怨和怨恨，我们也没有资格去指责我们的父母。因为天底下所有的父母都是深爱着自己的孩子的，即时他总是黑脸无情。

父母离异，自暴自弃

随着社会的不断发展，思想也开放了，感情也是丰富多彩的，离婚率也随之升高了，这就是现代社会的现状。离婚是父母双方的事情，但最后受伤害的却是孩子。青少年那幼小的心灵如果受到重创后，就会难以愈合。于是面对破碎的家庭有些青少年变得破罐破摔，自暴自弃，失去生活的方向和动力。

§家碎了，心也碎了

李闯在上初二时，他那充满爱与欢笑的家庭突然破碎了。父母因为感情不和而离异，从此以后他与妈妈一起过，曾经的拥有使他觉得现在的自己一无所有。失去爱的心里掺杂着丝丝的恨，犹如一团拨不开的迷雾，笼罩着他那脆弱的心。为什么爸爸离我而去？他不爱我了吗？为什么我和妈妈要搬离曾经那个温暖的家？他们为什么这么残忍？

由于生活改变，给他幼小的心灵以沉重的打击，使他整天觉得自己很可怜、很孤独。对于眼前的一切他不习惯，以前的朋友和属于自己的一切都不存在了，在陌生的环境里他显得那样的无助。最初，李闯沉闷不乐、情绪也不稳定。后来因为心理上的打击，他越来越恨爸爸和妈妈，开始强烈地反抗，不管什么事情都和妈妈作对，与妈妈争吵，经常逃学而遭老师的批评，他成了一个典型的“问题少年”。老师们不管他，同学们讨厌他，他自己也抱着破罐破摔的心理。不管别人怎么说他也不听，他觉得自己就是一个“坏孩子”，是一个没人理睬、没人要的孩子，他不相信自己，不相信任何人，他自暴自弃，把自己关在那片只属于自己的“牢笼”里。

自弃，简单地说就是自我放弃，不求上进、得过且过、不思进取、懒惰成性的心理表现，它与自强是相对立的。通常自弃的人不知上进，没有理想与追求，不愿吃苦、不想奋斗、懒惰成性，而此类人最终只能是一事无成。青少年正处于学习知识、涵养道德、增长才干、发现自己的最佳时期。正所谓“少壮不努力，老大徒伤悲”。应当趁此大好时光，培养自身的品格，努力学习，奋发进取才是。然而，却有很多青少年产生自暴自弃的想法，他们总是觉得要学的东西太多，自己是个“笨孩子”，即使再努力也学不好，就算自己再怎么表现，别人也不喜欢自己。

造成青少年自弃的因素主要有以下几个方面：

1. 不公正的价值评论系统。很多青少年之所以产生自弃心理，部分原因是受目前在我们社会中流行的、不公正的价值评论系统影响。并不是每个人都被承认具有价值；也不是每个人都得到接纳。相反，赞美和敬佩往往只留给少数一些天生具备令人艳羡特质的人物。这是个错误的倾向，人们应该给予正确的认识。

2. 父母和老师的态度。最主要的原因多是因为学习不够认真，成绩较差，多次受到老师或家长的批评而造成的。有这种心理的青少年，总觉得别的同学看不起自己，在老师的眼里是个差生，就是在父母的眼里也被称为“坏孩子”，因而自尊心减退、丧失自信心。

3. 由“丑小鸭”心理而产生。随着年龄的不断增长，青少年们总会特别在意别人对自己外貌的评价。有“丑小鸭”心理的青少年与朋友交往时，往往容易产生一种自卑、自厌的心理，他们怕别人嘲笑而不愿与人交往，他们常常把自己封闭起来，久而久之，便逐渐产生一种自弃心理。

4. 生活环境所引起的自弃。由环境而产生的自弃心理，主要包括家庭环境、学校环境和社会环境。正如李闯所产生的自弃心理行为，就是由家庭问题而导致的。李闯的表现不仅是一种自暴自弃的行为，也是一种糟蹋自己，对自己的不负责任的表现。

§ 战胜自弃，保持自信

人生最大的错误就是自暴自弃，自弃就意味着自灭。凡是有成就的人，他们不会选择自弃，而自弃者将不会有所成就。为了帮助青少年克服自弃心理，特提供以下建议：

1. 正视自我。如果是因为自己某些先天性的不足而产生自弃心理的话，那么就先接受自己。罗曼·罗兰曾说：“当你喜欢你自己的时候，你就不会觉得自卑。”所以面对那些无可改变的事情，就去坦然地接受，没有必要想太多，努力去做自己能做的，能改变的，用自己其他的方面来弥补自己先天的不足。要学会发现自己的长处和善良，肯定自己的成绩。学会发现自身的长处，学会客观地评价自己，悦纳自我，就能够走好摆脱自弃的第一步。

2. 自我激励。自暴自弃的青少年通常都比较自卑，内心比较敏感，经受不起挫折。所以当自己处于低谷状态时，不妨进行积极的自我暗示，也就是进行自我鼓励。因为这些消极的情绪会使人失去勇气和信心，而积极的自我暗示：“你一定行”，却能很大地增强自己的信心。

3. 勇敢面对。“自救者天救，自助者天助，自弃者天弃。”也许每个人都不愿自弃，然而，自弃的心理还是那么容易产生，尤其是青少年更容易产生这种心理倾向，要战胜自弃的心理，就必须鼓起勇气站起来，勇敢地生活。

4. 树立目标，远离自弃。自弃的青少年往往缺乏一个正确的奋斗目标，因此显得懒懒散散，毫无斗志。所以树立一个正确合理的目标很重要。有目标，才会有方向，才能激发出内心的力量。

青春日记

青春期是青少年风华正茂的时候，他们的生活像一幅美丽的风景画，多姿多彩，这个年龄是令人羡慕和向往的，然而，有些青少年并不快乐。他们的心理素质比较弱，他们会因为成绩不好或做错了事而自暴自弃，整天闷闷不乐，对生活彻底地失去信心。其实，世界上永远没有一帆风顺的事，一路走来会有很多的坎坎坷坷，只有你仔细地品味这些困难和挫折，才会拥有无悔的青春。学会鼓励自己，学会为自己呐喊，学会为自己加油，因为一个人的信心无论在任何时候、任何环境里都可以发挥很大的威力。对自己多一份自信，还世界一个精彩！对人生多一些肯定，你的生命就会因此而变得不一样，人生因此而快乐、自信起来，这份自信也可能为你打开成功的大门。

就想跟他们对着干

逆反心理在青少年当中是非常普遍的。青少年往往会采取与父母和家长的要求相反的态度和言行来处理事情。青少年时期是从不成熟走向成熟过程中出现的心理失衡期，因此很容易产生逆反心理。

§ 何以逆反抵抗

张辉的父母是做生意的，经常不在家。于是长期的独处生活使得张辉感到很孤单。他觉得父母的眼睛里除了钱还是钱，根本不关心自己这个儿子。相对于其他同学，他有许多的零花钱，有许多最新的玩具，可是他不快乐，尤其是学校开家长会时，老师总会对他讲："张辉，你的父母还是忙得来不了吗？"每次他都感到很难堪。这样的日子不知过了多久，他变得不再听父母的话，他们说东，他偏往西。

逆反心理的形成是青少年一系列的心理活动所产生的结果。其成长过程中在不同阶段都可能会发生，而且，表现形式是多种多样的。如对学校的活动宣传表示不认同、不信任的反向思考；对先进人物的成绩和榜样表示无端的怀疑，甚至否定；对一些同学的不良行为持认同情感，并齐心协力、大喝其彩；对思想教育及道德规范产生消极和蔑视的对抗；等等。还时常“不受正规教”“不听父母的话”，常与父母或老师顶嘴、对着干。这都是背道而驰，以不正常的心理状态来显示自己的优势，这都是逆反心理的表现。

逆反心理并非一种异常现象。它与青少年时期特殊的生理和心理发展紧密相连的。青少年产生逆反心理的原因主要概括为以下几方面：

1. 青少年时期是大脑发育逐渐趋于成熟的时机，他们的脑机能越发达其思维判断和分析能力就越强，思维活动范围就会越来越广泛。特别是思维方式、思维视角都已经超出了童年时期简单和单一化的正向思维，尤其是正在接受文化教育过程中的青少年，他们在掌握基本知识的同时也产生了逆向思维的模式。因此，逆向思维的形成和发展，使青少年产生的逆反心理。

2. 不切实际的愿望。随着现在社会的全方面发展，大多数父母都期盼“望子成龙，望女成凤”。但部分家长从来不考虑青少年的兴趣和爱好，根据自己的意愿强迫青少年学一些不感兴趣的课外培训班。这种拔苗助长的教育方式往往会适得其反，使青少年产生强烈的反抗情绪。

3. 父母的管教过于严厉。有的家长信奉传统的教育方式，抱着“不打不成才”的观念，挖苦、讽刺甚至打骂孩子，家长们本以为这种教育方法会激励孩子们的成长进步，但结果却往往不尽如人意。原因在于父母这种不正当的教育严重地伤害了青少年的自尊心和自信心，因此，使青少年为维护自己的尊严而产生反抗的心理。

§克服逆反，树立正确自尊

逆反心理会使青少年对人对事容易多疑，而且具有偏执、冷漠、不合群的病态心理，还会使他们产生信念消失、理想泯灭、意志薄弱、学习被动、生活萎靡等不良行为。具有严重逆反心理的青少年可能会倾向于犯罪心理。所以，为了青少年身心健康和成长，必须采取有效措施来克服逆反心理。那么青少年自己应如何调适这种不良心态呢？

1. 提高自身的文化素质，博学广见是青少年克服逆反心理的首要条件。青少年博学识广，在直觉上就能感受到逆反心理的荒唐之处，从而能不断地完善自我，广闻博见避免自以为是的固执和偏激，远离逆反心理。

2. 正确认识自我。青少年在接受教育过程中，可以从正面的思想重新认识自我，经常反思自己，并通过实际行动来努力完善自我。

3. 正确认识社会。随着社会的多样化，青少年会被社会上的经济制度的变革所影响，在缺乏经验没有正确的道德意识中，他们会分不清善与恶、美与丑、是与非等。使他们产生消极的心理。所以，青少年克服逆反心理不能只局限在学校这个小天地里，而是要置身于社会中，把对自己的思想情操和道德修养与社会的道德风尚相结合，以便提高青少年自己将来适应社会的能力。

青春日记

当我们慢慢长大，父母却逐渐老去。也许当我们为人父母时，才会真正理解父母对于我们深切的爱。端茶倒水是爱，嘘寒问暖是爱，严厉训斥也是爱，无情打骂同样是爱。是父母建造了他们的家庭，是他们生命结合的那一瞬间孕育了我们每个生命，使我们成为数十亿人中一个独特的我，与所有人相区别的我。从我们咿咿学语到蹒跚学步，是父母一路牵引，一路呵护，一路哺育，一路训导，才使我们成其为一个真正的人，使我们能一生不枉人这一个称号。所以学会去理解父母的爱，才是做子女的我们最应该去努力的。而任性、叛逆对于含辛茹苦为我们创造良好环境的父母来说，是多么大的伤害。

爱你在心口难开

青少年因受到异性吸引容易产生爱慕之情。这种情绪体验是愉快的，情感是纯真的。由于情感处于主导地位，处理问题通常缺乏理性，因此早恋是有害的。它具有朦胧性、单纯性和不稳定性的特点。现实生活中，少见早恋而成理想眷属者。早恋者的情感真实而强烈，因为这种情感的强烈性，一旦失恋便可形成心理上的强烈反差，导致严重的失落和心理失衡，长时间影响着当事人的心情，甚至当事人的人生之路也会因此而改变。

§ 早恋是青涩的果实

王浩一直以来都暗恋着一个女孩。她是王浩的同桌，性格很外向，是个很可爱的女孩。为人也很热情，总是抽空帮助王浩补习英语。久而久之，王浩就慢慢地喜欢上了她。每天几乎每时每刻都在想见到她，晚上睡觉时也想她！如果哪天她因故没来上课的话，王浩这一天整个人做什么事情都没心情。但是王浩又不敢向那个女孩表白，他害怕被拒绝，以后连朋友都做不成。于是他整天在这种折磨中无法安心学习。

王浩这种情况属于青少年早恋。其实，青少年时期喜欢上别人是正常的现象，人总是有感情的，也会对某个人的感情会比较特殊一些，现在对于一些青少年来说，是在懵懂中接触爱情，而有些感情是在好奇中产生的。

那么究竟什么是早恋呢？早恋指青少年期或青少年期以前的少年出现过早恋情的现象，也称“牛犊恋”。它多与环境因素引起早熟性兴奋和性萌发有关，而孤独、空虚、心理上缺乏支持，有时也能促使早恋。而有的青少年则把自己对他人的爱慕之情隐藏在心底，这就是所谓的单相思。

青少年心理尚未完全成熟，所以出现单相思现象很正常。而这种单相思现象会较多地出现在性格内向、敏感、富于幻想、自卑感强者身上。首先是自己爱上了对方，于是也希望得到对方的爱，在这种具有弥散作用的心理支配下，就会把对方的亲切和蔼、热情大方当作是爱的表示，并坚信不已，从而陷入单恋的深渊，甚至不能自拔。虽然单恋的人能够经常体验到一种快乐，但是他们更多会体验到痛苦，因为无法向自己的爱慕者倾诉衷肠，所以整日处于这两种情绪的交织当中。

§ 告别单相思

1. 要学会分清爱情和友谊的界限和差别。客观、理智地对待恋爱问题，“爱情错觉”的产生往往是自己爱上对方，而对方也从言行上表示出好感的趋势时才会产生，但对方的好感，也仅仅是好感。恋爱是男女之间相互爱慕的行为表现，爱情首先是男女双方感情的交流，心理相容是爱情存在的基础，从这个意义上讲互爱是爱情产生和发展的必要前提，相爱的双方都能给予爱的机会和接受的回报；可是单相思却是一种不为对方接受而又得不到回报的单恋情结，这种一厢情愿的“爱情”是不会有什么结果和价值的。尽管很多时候，好感和友谊会慢慢地转化成爱情，但是它不是爱情本身。

2. 要学会问问自己的内心，反思自己的感觉。产生在“感觉”基础上的“爱情”只是一种感觉感情，与真正的理性的爱情不可同日而论。从自我认识的误区中解脱出来，以便更清醒地认识自我和他人，使自己逐步成熟起来。面对不可能被接受或不会有回报的爱，彻底摆脱这种无意义的情感纠葛无疑是最明智的选择。所以，当感觉到某一位异性同学的温情时，一定要保持冷静的头脑，学会分析和思考，千万不要凭感觉，跟着感觉走。

3. 要能够急流勇退。一旦发现自己有单相思的倾向，就应该果断地打消爱情上的“海市蜃楼”，尽快地摆脱自己编织的虚幻情网，借助理智的力量，获得感情上的解放。如果对对方一见钟情，爱之若狂，并且觉得对方也很爱你，但很快又发现事实并非如此，就要能够急流勇退，牢牢地握住感情的舵，尽可能减少或避免与对方的接触，克服虚荣心理和由对方冷淡而造成的自卑感。相反，如果一味苦苦追求，死缠烂打，或者沉溺于单恋无法自拔，只会自降人格，被人看不起。

4. 倾吐心中的不快。单相思之苦闷在心头愁肠百结，就会百病丛生。所以，当感到困惑或者痛苦的时候，可把单相思的经过、幻想和苦闷，向老师、家长或最知心的朋友尽情倾吐，听听他们的意见。但是不要见人就说，不看对象就自倒苦水，这样只会惹来更多的麻烦。

5. 转移注意力。单恋的同学要学会勇敢地跟自己的软弱作斗争。及时地排解自己压抑苦闷的情绪，这是摆脱单相思苦恼的有效途径。移情就是恰当地转移自己的感情；移境就是转换一个新的环境。对于陷入单相思的人来讲，有意识地疏远或远离所痴情的对象，改变形成单恋的环境，可以淡化暗恋对象的刺激；通过移情和移境，逐步把自己的情感和注意力转移到学习、生活或他人身上。这样经过一段时间的磨砺之后，你就能逐渐走出单恋的沼泽地。

青春日记

“早恋是根针，当你触碰它的时候，你就会痛得流泪。”早恋是爱情的萌芽，朦胧美好，却也暗含着盲目与冲动，烦躁和痛苦。它如此的自然、纯洁，也如此迷离交错。它在青春里闪光，在年轻的心灵中隐藏。但是早恋并不适合我们这个年龄，所以我们要把它抛开，专心努力地学习。

失恋痛苦缠上我

处于花季的青少年由于生理和心理的逐步成熟，因而萌动春心。这种真挚纯洁的感情是所有少男少女都憧憬的，它犹如一杯甘醇芳馨的美酒，使你陶醉其中。但是失恋的酒却又是苦涩的。

§ 爱是带刺的玫瑰

冰冰是初中三年级的学生。她和她的初恋男友阳阳是在图书馆相识的，后来他们就相恋了。放学后，一起做作业，一起吃饭，一起逛街，那种美好的时光相持了约一个学期。到初三下半学期刚开学时，她慢慢地发现昔日的男友突然变了，对自己很是冷淡，放学后也不再等她一起吃饭了。后来，渐渐地，他们就开始为一点小事而争吵不休，每次见面的时候还经常发生“战争”。再后来，快期中考试的时候，阳阳在电话里向她提出了分手。于是她的心情陷入极度的低潮中，有很长时间，都没法集中精力去学习。

恋爱和失恋共存，有恋爱就有失恋，这是一个必然。恋爱对人来说如一杯甘醇，而失恋对于任何人来说都是一杯浓烈的苦酒，都会在自己的灵魂深处烙上深深的印痕难以磨灭。甚至，这种心理的隐痛会一直伴随着失恋者的整个人生。失恋，既可以使人消沉，也可以使人奋起。失恋是恋爱两人之间的情感共同体的解组。而青少年之间的恋爱就更加显得脆弱，不堪一击。

青少年时期的情感虽然纯真却显得很稚嫩，很难经受住挫折的考验，恋爱双方常会因为一些小事而发生争吵。加之青少年心理脆弱，承受能力较弱，因而一旦遭受失恋的打击，就很有可能会肝肠欲裂、身心交瘁，深深地陷入痛苦之中，长时间不能从中得到解脱。

一般来说，少男少女面对失恋时，常会出现以下几种消极的心态：

1. 个人羞愧难当，陷入无尽的自卑与迷惘的心理之中不能自拔，心灰意冷，性格顿时变得非常怯懦，有的甚至会出现轻生的念头，最终成为爱情的殉葬品。

2. 失恋的一方仍然死心塌地地爱着抛弃自己的人，对逝去的爱情充满美好的回忆与幻想，不由得就陷入了单相思的泥潭之中，很容易出现一种既爱又恨的特殊的感情矛盾之中。

3. 因失恋而绝望，甚至失去理智，从而产生报复心，或者想方设法要去报复对方；或者以自残来惩罚自己；或者从此会嫉俗厌世；或从此就干脆破罐子破摔，得过且过。

心理专家指出：解决失恋的最好办法就是微笑，对自己，对别人，对对方，这种方法，对谁都有好处。在短时期内，我们如何走出失恋的痛苦呢？

1. 失恋不失志。与对方分手后，伤心一段时间后，决不能萎靡不振，失去对学习和生活的热情和信心。

2. 失恋不失德。不要因为失恋的痛苦，而误以为自己解不开心结，去做一些过激的蠢事。这是愚昧无知的表现，不但不是解除痛苦的良药，还会是违反道德人性的源头，结果也只会是害人害己，千万不要干蠢事。

3. 尽快地找人倾吐。青少年朋友由于刚步入恋爱季节，几乎没有恋爱经验，一旦失恋后，就会被悔恨、急怒、失望及孤独等不良的情绪所困扰，这时，失恋者可以找一个推心置腹的朋友，一吐为快，以释放自己的心理负担。自己可以用口头语言，将自己的烦恼和苦闷向知心朋友倾诉出来，并听听他们的劝慰和评说，这样自己的心情就会平静下来。此外，自己还可以以书面文字的形式将自己的苦闷心情记录下来，这也是一种释放的方式，从中可以寻到心理安慰和寄托。

4. 移情法。青少年失恋后可以将自己的情感转移到失恋对象以外的人或者事情上。如更亲近的同性朋友，倾吐苦水，寻求开导和安慰；另外，自己也要积极参加一些有益于个人身心的娱乐活动，释放自己的苦闷；自己还可以投身到大自然当中，从自然中去获得心灵的抚慰。

5. 失恋后要积极培养自己乐观豁达的心态。对于正处于花季时期的青少年来说，失恋后要冷静地分析自己失恋的原因，分析一下恋爱给自己所带来的各种损失和伤害，以后如何将精力转移到学习上，这才是最重要的。

6. 以立志来摆脱痛苦。对于青少年而言，失恋者如果在失恋中抱以积极的心态，就会使自我得到合理的更新和升华，全身心地投入到学习中去，许多失恋者都因此而创造出了辉煌的成就。这是用个人奋斗的方法去更新自我，战胜自己。如果能做到这样，失恋就是生命中一次有意义的事情。

青春日记

处于懵懂时期的青少年，大多会向往接近异性。于是爱情成了很多人心目中的美丽殿堂。可是很多青少年却忽略了没有绝对顺利的爱情。于是一旦失恋之后，就陷入无尽的痛苦之中无法自拔。

其实生活就是这样，有聚就有散，有相聚就有别离。爱情也是如此。别林斯基曾说过："如果我们生活的全部目的仅仅在于我们个人的幸福，而我们个人幸福又仅仅在于爱情，那么，生活就变成一个充满荒唐枯燥和破碎心灵的真正阴暗的荒原，变成一座可怕的地狱。"所以，我们要抛开恋爱至上的观点，使自己摆脱失恋所带来的痛苦，用积极的努力和奋斗去转移痛苦，从而重新获得快乐自在的人生。

第四章

我独自站在高岗上——交际挫折

“如今的我生活就像在演戏，说着言不由衷的话，戴着伪善的面具……”

随着年龄的增长，独立意识的增强，青少年与社会的交往越来越广泛，他们渴望独立的愿望也日益变得强烈。在日常交友中，他们不可避免地会遇到一些问题，如对朋友的言语很敏感，容易产生嫉妒，或受到群体朋友的压力会采取某种行为等。有些可能因为个人的性格问题而被群体孤立，犹如天空中被抛弃的大雁，失落而无助。

不要做“独行侠”

在学校或者日常生活中，一些青少年无论是吃饭、学习还是回家，经常是独来独往。他们不喜欢与其他同学交流沟通，其他同学也不知道如何跟他们相处。当其他同学在玩耍时，他们就自己找些事做，比如看看书，听听音乐等消磨时间。久而久之，他们成了同学眼中的“独行侠”。

其实，这是一种不健康的心理。“鸡犬之声相闻，老死不相往来”的时代早已过去，每个人都希望拥有一个美好的人际关系世界，建立一个良好的人际氛围，获得更多的朋友，并永远保持真挚的友谊。“独行侠”若不早日走出心灵的牢笼，那你最终就可能真的成为“孤家寡人”了，长此以往，你将来怎么在社会上立足呢？

§青少年成为“独行侠”的原因

小雨是一个性格有点内向的孩子，父母都是医生，他从小就生活在几乎一尘不染的环境中。父母跟他说话时都是轻声细语的，他也养成了不大声说话的习惯。到寄宿学校上学后，他也不能跟周围的环境融合在一起。他不愿意与周围的同学交往，平时干什么都独来独往。当父母后来发现他的异常时，他已经完全成了一个沉默的“独行侠”，一句多余的话都不肯说。同学们对这个“异类”同学也颇为为难，不知道如何相处。小雨越来越感到自己很孤独，自己仿佛是被人间抛弃的孤魂……

案例中的小雨就是一个典型的“独行侠”。在生活中，我们的周围还有许多像小雨一样的青少年，由于各种原因，他们很难品尝到与同伴间相处的乐趣。其实有时候，这些“独行侠”并不是不想加入到同学当中去，只是由于性格方面的原因，他们不知道该如何与同学顺利地交往。而当某一天，他们终于鼓起勇气想要融入同学群体中，才猛然发觉自己不知不觉已被同学们孤立了。这是“独行侠”形成的一个重要原因。

此外，“独行侠”的形成还与青春期这一特殊时期有关。进入青春期后，青少年的独立意识迅速增强，同时，由于在这一阶段青少年的性格品质逐渐确立，形成了不同于他人的独特的个性心理特征，因此在与人交往的过程中也会映射出各种各样的气质、性格类型。比如，在与同伴相处时，有的同学表现得开朗大方、单刀直入；有的同学则矜持拘谨、小心谨慎。而有些青少年由于本身性格就偏于内向，平时不爱与人多交流，再加上青春期不稳定的心理及情绪，就容易被同伴或同学孤立于各个非正式群体之外，在班级里处于“孤家寡人”或“独行侠”的状态。

所以，一般来说，被孤立的同学在性格上或多或少都存在着一些不适应群体生活的个性特征，如孤僻、内向、封闭、害羞、自卑、自傲等。这些性格特征可能是由自身发展起来的，也可能是家庭或学校因素造成的。

但无论是何种原因造成的，过于孤立都会对青少年的成长和社会化过程以及个性的完善产生不良影响。因为，一个青少年在学习上缺乏和他人的交流，缺乏他人的帮助，往往难以启发和开拓思路，造成思维的局限。同时，青春期的青少年长期缺乏与同龄人交往，会使这一时期特有的闭锁现象加重，使一个人更加封闭自我，变得越来越难以与他人相处，将来更加难以适应复杂的社会生活。此外，长期自我封闭还会使青少年的压抑感、紧张感加重，心理压力加大，甚至引发心理疾病。因此，“独行侠”们对自己的状况一定不能等闲视之，要尽快调整自己，加强人际交往，让自己不再是“孤家寡人”。

§成功交往，不再“独行”

1. 良好的“自我”形象塑造

所谓“自我形象”，就是对自己有一个正确的定位和认识。而这面镜子就是学校的老师、同学或较为密切的人对自己的评价与认识。同学们在一起接受着同样的教育，生活在相同的舆论气氛中，有着共同的价值观念取向和评价标准，当你的言行与“青少年形象”大相径庭时，是不受同学们欢迎的。

2. 团结友爱，互帮互助

帮助，不仅是协助解决困难或物质上的支持，还包括感情上的支持、对痛苦的分担、观点上的赞同以及提供参考性的意见。如果你经常主动去关心别人，别人自然也会关心你，同学关系在这种彼此关心的基础上会愈加和谐。和谐产生友谊，友谊使人欣慰。青少年阶段的友谊高尚、纯真、终生难忘，每个人都应该珍惜、巩固和发展这种友谊。帮助别人是一种美德，也是建立深厚友谊的基础，正如马克思所说：“友谊需要忠诚去播种，热情去灌溉，原则去培养，谅解去护理。”因此，如果你是一个乐于帮助别人的人，那么你一定会赢得真正的朋友和友谊。

3. 与朋友真诚相待

真诚是与人交往的基础，朋友间掏心窝子的话，这是以诚相待换得心与心的交流，宽宏大度能消除误会，得到信任。

4. 把握好异性交往的分寸

处于青春期的青少年，要把握好异性交往的分寸。男女同学之间的交往有利于智力上互补，情感上互慰，个性上互让，活动中互酬。不仅要发展同学间的美好友谊，同时又要避免过分地亲昵随便，以造成不好的影响。

青春日记

青少年的学习阶段是一个人的重要时期。在这期间离不开人与人之间的交往。但有多少次，你鼓起勇气想表达对他人的友好，在站到别人面前时，你又退缩了。你只好安慰自己说：“朋友总可以找到的。”这种心理久而久之就会使你的人际交往产生严重的障碍。人际交往是交往双方积极主动的过程，一方主动而另一方被动势必造成交往难以正常进行。孤立的青少年在人际交往中一定要主动一些，这对于改善你的人际关系有着积极的促进作用。

嫉妒正破坏着你的人际

嫉妒是一种较普遍的社会心理现象，同时它也是一种影响团结、损己害人的消极心理，它在人际交往中往往起着消极的作用。妒忌心，从本质上说是看到与自己有相同的目标与志向的人取得成功而产生的不适应感，是既不能正确评价自己又不能正确评价他人的不良心理品质。具有嫉妒心理的青少年具有明显的攻击性，这种人往往看不到别人的优点、长处，而总是挑剔别人的毛病，甚至不惜颠倒黑白、弄虚作假，这对人际关系的发展是一种巨大的威胁。

§青少年为什么会有嫉妒心理

小恩和小慧两个人从小就是好朋友。由于小恩长的比较漂亮，性格开朗，而且学习又棒，所以班里的许多男同学都愿意和她做朋友。而小慧长相、学习也不亚于小恩，只不过就是性格有点内向，所以在班里得不到和小恩同样的“待遇”。但处于这个年龄段，小慧喜欢拿自己同周围的人进行比较，并开始注意别人对自己的评价和对他人的评价。面对小恩，小慧感到委屈，心想：“为什么她能得到那么多男孩的青睐而我却不能呢？”心里越想就越生气。慢慢地，她便开始妒忌起小恩来，而且开始疏远她。而小恩却不知道小慧为什么要疏远她。

小慧对于小恩的这种做法其实就是出于嫉妒心理。嫉妒是心灵的肿瘤，是破坏人际关系的利剑。有嫉妒心的人容易心理不平衡，容易对他人产生不满，从而也就容易造成人与人之间的隔阂，破坏人际关系的发展。那么，对于青少年来说，为什么会产生嫉妒心理呢？概括下来，主要有以下几点：

1. 青春期心理

妒忌心理的产生的非天生就有，而是在后天的条件下逐步形成的。随着人不断地成长，青春期是一个自我认定的时期。青少年正是从这个时期开始发现自己内心世界的。在此期间，青少年喜欢同周围人进行比较，开始注意对自己的评价和对别人的评价。同时，他们的自尊心也明显增强。但由于其身心发育得不成熟，他们最容易犯的毛病就是自我评价过高，自尊心过强。如果教师、家长引导不力，他们就会误入妄自尊大、唯我独尊的境地，人也会逐渐变得虚荣起来。这种唯我独尊、追求虚荣的心理很容易与尊重别人的心理产生冲突。

2. 不适当的教育方式

有的家长常对自己的孩子说不如某某，使孩子以为家长喜欢别人而不爱自己，由不服气而产生妒忌的心理。

3. 自尊心过强

对于能力较强的青少年来说，会因为自己经常得到肯定而形成一种“惯性”，如果有一次没受到“重视”和“关注”，就容易产生妒忌的心理。

§ 培养健全心理，远离嫉妒

对于青少年来说，嫉妒不仅不利于自己的身心健康，还会影响个人人际关系的发展。青少年应该培养健全的心理，远离嫉妒，这样才有利于自己各方面的发展。

1. 胸怀开阔，要有容人之量

俗话说得好：“公侯头上能走马，宰相肚里能撑船。”做人要开阔如海，宽容大度，才会消除妒忌。每个人都有各自的长处，不能因为自己有所短而害怕别人超过自己，对同学任何方面的成绩或进步都要抱欢迎的态度。这种良好的心态，是健康人格的一个反映。

2. 加强修养，克服私心

嫉妒的发生是个人心理结构中“我”的位置过于膨胀。应有意识地多读一些情操高尚、内容丰富的书籍，多听格调高雅的音乐，加强思想修养，学会有意识地控制自己的感情。懂得了“心底无私天地宽”的道理，就会消除或减少嫉妒心理。

3. 看到自己的长处，化嫉妒为动力

一般而言，嫉妒心理较多地产生于周围熟悉的年龄相仿、生活背景大致相同的人群中。因此，只有采取正确的比较方法，将人之长比己之短，而不是以己之长比人之短。一个人在嫉妒别人时，总是注意到别人的优点，却不能注意自己比别人强的地方。其实，任何人都有不如别人的地方，当别人在某些方面超过我们时，我们可以有意识地想一想自己比对方强的地方，这样就会使自己失衡的心理天平重新恢复到平衡的状态。

4. 学会自我宣泄

最好能找知心朋友、亲人痛痛快快地说个够，他们能帮助你阻止嫉妒朝着更深的程度发展。另外，可借助各种业余爱好来宣泄和疏导，如唱歌、跳舞、练书法、下棋等。

青春日记

一个人不服输是进步的动力，但事事在人前却是不可能的。人有所长必有所短，想通这一点，你就会驱除嫉妒的困扰。此外，嫉妒的结果往往是损害别人，贻误自己。思想上深刻认识了，对其危害性才会产生厌恶情绪，在行动上也会与之决裂。由于嫉妒而伤害他人，何必做那些得不偿失的事情呢。

心中的苦闷无人说

压抑是指个人在某些方面受到挫折后，不是将变化的思想、情感释放出来，而是将其压制在心头，不愿说出来的一种心理状态。青少年短暂地压抑自己能起到减轻焦虑的作用，但若长期处于压抑状态，就会使人的心态和行为变得消极和古怪起来。青少年会觉得没有人了解自己，心中异常苦闷，人际关系也越来越糟。

§ 青少年产生自我压抑的原因

徐峥是一名初二的学生，很有画画的天分，功课在班里属于中上水平。他刚开始在一所普通中学读书，那时在那边有很多好朋友，可以一起画画，一起玩。后来，爸爸妈妈为了更好地照顾他的生活起居，就把他转到离家比较近的中学。结果他整天都闷闷不乐。他想转回原来的学校，但父母说，这边的条件这么好，没必要转回去。还告诉他，你只管把自己的书读好就行了，不用管别人怎样怎样。不到半年，徐峥的成绩就一落千丈；人也变得十分厌学，整天打不起精神，一副闷闷不乐的样子。同学们都觉得他好像有什么心事似的，但他又不肯说；渐渐的，他周围的朋友也越来越少了。

故事里的徐峥后来由于自己的想法得不到实现，心中的苦闷无人诉说，父母不理解自己，于是就渐渐处于自我压抑状态。压抑心理是一种较为普遍的病态社会心理现象。它存在于社会各年龄阶段的人群中，它与个体的挫折、失意有关，继而产生自卑、沮丧、自我封闭、焦虑、孤僻等病态心理与行为。精神压抑使人感到有心理上的压力，可能导致个体人格畸变，影响人际关系的发展。那么，一般来说，青少年心理压抑产生的原因有哪些呢？主要有以下几点：

1. 性格原因

性格是人对客观事物的态度和行为模式，一般而言，外向性格的人遇事往往用情感将它表现出来；内向性格的人则常常把感情压抑在内心，转化为消极的情绪。

2. 行为规范的影响

如果父母对孩子要求过严，就容易让孩子产生压抑的心理。

3. 学习与生活上的压力

青少年时期最重要的就是学习，如果取得预想的成绩，就有一定的成就感；若超出人的能力所不能承受的，就可能感到痛苦与压抑。如有的青少年面对繁重的学习负担、成绩下降，就会感到压抑消沉。

4. 紧张的人际关系

青少年具有合群性，希望自己能被他人接纳。亲密的人际关系能增强人的自信心，满足人的社交需求；而紧张的人际关系使人的精神与社会的需求不能得到满足，个人的志向处处受挫，或"怀才不遇"，或遭人冷遇，自然会产生孤独无援的感觉。结果可能导致个体采取回避现实的行为。

§ 改变自己，走出苦闷境地

青少年若一直处于压抑的心理状态，对自己的身心发展是极为不利的。心理压抑的青少年应学会改变自己，走出心里苦闷的境地，只有这样，才有利于人际关系的发展。

1. 多交朋友

具有压抑心理的青少年大多都放弃了他们的爱好，很少和朋友在一起，这种做法只会使事情更糟。为了扭转目前的心情，你不妨每天做些激烈的活动，多参加社交活动，多交一些朋友，向朋友倾诉自己的压抑，从而建立起和谐的人际关系，这比逃避朋友，或者把自己的压抑发泄在朋友身上，造成人际危急要好得多。

2. 学会激发自己的兴趣

有压抑心理的青少年总是没精打采，对什么都引不起兴趣，精神空虚，情绪低沉。青少年应多发展几种兴趣与爱好，让自己有表现的机会。当你变得积极兴奋时，你就能战胜烦恼、抑郁等消极情绪。

青春日记

人的一生中难免会遇到挫折、不如意，青少年在日常生活中如果遇了不顺心的事，应先从自己的主观方面去寻找原因。我们改变不了环境，但我们可以改变自己；我们改变不了天气，但我们可以改变心情。只要想得开一些，凡事不必太过苛求，用一颗真诚而温暖的心对待他人，你的生活就会充满阳光，你的人际关系就会越来越好的。

天才注定是孤独的吗?

青少年的孤独感是一种封闭心理的反映，是感到自身和外界隔绝或受到外界排斥所产生出来的孤伶苦闷的情感，这是在日常交往中产生的一种冷落、寂寞和被遗弃的心理体验，这是一种消极的情绪表现。

在学校里有这样一些人，他们学习成绩优秀，深得老师的喜爱，但是他们却没有几个朋友。在别人眼里，他们就是天才；然而，他们内心的孤独与失落只有自己心里最清楚。难道，天才注定就是孤独的吗？不是的，之所以会这样，原因是多方面的；而一个人的性格跟此有很大关系。这些“天才”们其实内心也渴望真挚的友谊，如果能多注意人际交往的方式和方法，就能摆脱孤独的状况。

不过在日常生活中，有的是因为性格过于内向，不愿意与他人交流，所以才导致了孤独。具体来说，导致他们孤独的原因有以下这些：

1. 过于自负

这一类青少年做事喜欢以自我为中心，很少关心别人。家庭教育则是一个人自负心理产生的第一根源。青少年在成长过程中，还没有很高的自我评价能力，通常他的自我评价来自周围的人对他的看法，家庭则是他们自我评价的第一参考。而多数父母给予孩子的都是片面的溺爱、夸奖、表扬，而非全面的夸奖与批评相结合，从而使他们觉得自己是“最了不起的”“我是最棒的，别人都要听我的”。

2. 过于独立

独立意识是一种向外的力量，青少年处于身心健康全面发展的时期，是从不成熟走向成熟的过渡时期。此时，他们的社交和实践范围也在逐渐扩大，思维能力也在迅速增长，不愿再盲目地依从父母。而是积极地用自己的眼睛观看世界，感觉自己长大了，不需要依靠父母了，但残酷的现实又让他们觉得心惊胆战。为了摆脱这种困惑，大多数青少年积极和同龄人交往，增进彼此间的了解。但也有一部分青少年不屑于与同龄人交往，从而变得孤立起来。尤其是那些学习好的青少年，他们觉得自己什么都能做了，也不需要依赖别人。

3. 青春期特殊心理

在青少年时期，自我意识开始觉醒并逐渐建立，产生了了解别人内心世界并被其他同龄人接受的需要。他们很关心自己在他人心目中的地位和形象，重视他人的评价。正因为如此，他们会将自己隐藏起来。一方面他们觉得自己心中有很多秘密，又不愿告诉别人；另一方面他们又渴望别人能真正了解自己。这种需要得不到满足时，便会陷入惆怅和苦恼，产生孤独感。这种现象，在那些学习成绩好的学生中间表现得尤为突出。

§ 主动沟通，让自己不再孤独

1. 多与他人沟通

开放自我、真诚、坦率地把自己交给他人。交往是一个相互沟通的过程，所以别人也会对你以诚相待。如果你感到孤独或需要关心时，可以主动接近别人、关心别人，别人也会以同样的真诚对待你的。这样不但扩大你的社交面，还融洽了人际关系，孤独感自然就会消退了。要注意，和朋友的联系，不只是在你感到孤独时所要做的事，你要知道，别人也和你一样，也需要得到体会和友谊的温暖。

2. 主动交友

主动和被动，是两种截然不同的交友态度，也会对青少年的朋友圈产生不同的效果。在生命刚开始的阶段，也许差距很小，但是这只是一个开始而已，因为他们差距的发展路线是呈指数增长的路径，当时间一旦过了某个点之后，便会有一个质的飞跃，正如《系统思维》一书中池塘里的水藻的故事，在达到水池的一半之前你不会发觉它，但是一旦过了一半，便会在一夜之间覆盖整个池塘。青少年交友，必须具有主人翁意识，尤其是那些“天才”，本身就与其他同学有差距，别人心里就容易与之产生隔阂，如果在人际交往中再不主动些，则会很容易陷入孤立的境地。

青春日记

一些学习好的青少年，自己从来不主动交友，时间一长，就发现自己好像不很合群似的，整天都是自己一个人孤零零的。其实，这大多数都是他们自己的原因，他们太过独立，喜欢独来独往，以致身边没有固定的朋友。试想，如果你不表示出想和别人聊天的愿望，又有谁会来冒昧打扰你呢？所以，大凡是青少年交友，就应该率先伸手，争取主动权，这样才能防止被“冷落”一旁，“无人问津”。

多疑的人少朋友

青少年的多疑心态，往往通过“想象”把生活中发生的无关事件凑合在一起，或者无中生有地制造出某些事件来证实自己的成见。比如，多疑的青少年对于别人一个无意的行为就会误解为对自己怀有敌意，或是怀疑别人对自己进行欺骗、伤害、暗算、耍弄阴谋诡计等。更有甚者，会把别人的善意曲解为恶意，以致与人隔阂。青少年多疑是一种不良心态，它会筑起人际交往的鸿沟，严重时还有可能会使交往者反目成仇。

§青少年多疑心理的原因

王刚是一名高二的学生，因患过敏性鼻炎，不能参加学校的自习、课间操，甚至体育课有时也上不了。由于长时间不锻炼，体质也变得越来越差，他平时不喜欢和同学们交流，不仅影响到了学习，还产生多疑的心理。他总认为老师和同学都对他另眼相看。其实，老师和同学都没有这个想法。一次，他在自习时，因为争座位，与一个女同学争吵起来，最后还是那个女同学赢了“战争”。当时周围有许多同学围观。此后在班里只要听同学说谁在自习室出过丑，他都认为同学是在说他，总感觉那些同学看不起他，嘲笑他。他越来越讨厌班里的同学，不想跟他们交往。

案例中的王刚就是性格偏向多疑，以致后来人际关系越来越糟。其实，正常的猜疑人皆有之，但多疑则是猜疑的极端状态，而且绝大多数都是无端生疑，纯粹是为了证明成见、偏见的猜疑，是心理失衡的表现。多疑是破坏人际关系的有形杀手，为什么这么说呢？因为多疑是导致偏执性人格障碍的温床，具有多疑心态的青少年以主观想象代替客观事实，容易产生愤恨甚至报复心理，因而人们都不愿意与这类人交朋友。那么，青少年产生多疑心理的原因有哪些呢？

1. 认知的偏差

多疑首先是由于青少年的认知方式出现偏差而导致的。以点概面、以偏概全、循环论证的认知方式使得个体在认识周围事物时产生知觉、归因等偏差。具有这种认知方式的人一旦产生疑点，对信息的摄取范围就大大地缩小了，并且将所有的分析推理和判断建立在自己设想的信息上，结果进一步验证和强化了原先的设想，自圆其说，造成疑心更重。

2. 刺激心里的伤痛

多疑心理的产生还可能是挫折引起的一种心理防御。有些青少年由于以前轻信别人，轻视自己所面对的事物，结果遭受了巨大的挫折，并长期保留着对挫折经历的深刻体验。使得自己矫枉过正，从一个极端走向另一个极端，不敢相信任何人和事。

3. 长期自我心理封闭

一些青少年由于长期的自我心理封闭，从不与外界接触、打交道，使得自己对外部世界感到更加陌生，如果在不得已的情况下，与外界打交道时难免比常人有更多的疑虑、戒心和防备。

4. 过分关注别人对自己的评价

其实这是一种缺乏自信心的表现。有些青少年在某些方面总感觉不如别人，总怀疑别人在议论自己，看不起自己，算计自己，如果别人在一起说话时对自己投来了不经意的一瞥，他会认为别人正在说自己的坏话，如果平时有人开一个善意的玩笑，他也会认为别人是在挖苦自己。

§走出多疑心理，打造成功人际

1.用理智战胜猜疑

当发现自己怀恨别人时，应当立即寻找产生怀疑的原因。在没有形成怀疑思维之前，引进正反两方面的信息，不要轻易提出为自己的怀疑论证的单方面依据。要认识到无端猜疑的危害和不良后果。英国哲学家培根曾说："猜疑之心犹如蝙蝠，它总是在黑暗中起飞。这种心情是迷陷人的，又是乱人心智的。它能使人陷入迷惘，混淆敌友，从而破坏人的事业。"我们认识了多疑的危害，就要果断地克服多疑，要用高度的理智、宽阔的胸怀，友善的态度对待他人，只要我们的心广大如天地，虚旷如日月，就不会为这些小事而斤斤计较，无端猜疑了。这样，你的人际关系才能越来越好。

2. 与别人坦诚相待

交换意见，坦率、诚恳地把猜疑问题提出来，心平气和地谈一谈，只要你以诚相见，襟怀坦白，相信疑团是会解开的。当遇到陌生人，对陌生人产生怀疑是一种正常的防备心理，但也不要动辄疑神疑鬼，应当在交往中认真观察和了解他人，把握其性格、处世方法等，即努力去从本质上认识对方，了解对方，这样不仅有利于人际关系的进一步发展，还有助于消除疑虑。

青春日记

每个人在生活中都会遇到别人的议论，因为寸有所长，尺有所短。每一个人都应当看到自己的长处，培养起自信心，相信自己能与周围人处理好人际关系，会给别人留下良好印象，这样也就不会轻易怀疑别人了。

第五章

我不想做坏小孩——行为挫折

“骄傲无知的现代人不知道珍惜，那一片被文明糟踏过的海洋和天地……”

时代的进步为后代人创造了更多、更好的生活条件及生存环境，人类的精神文明也在不断地提高。然而，思想尚未完全成熟的青少年却不懂得珍惜现有的美好生活，任由思想来放任自己的言行，他们有的行为偏激，有的作风不良，有的甚至为了钱财而去偷、抢、杀，当他们最终受到惩罚的时候才悔悟过来，在恨不当初的时候，他们却没有了重新做人的勇气。

偷窃——我也是不得已而为之

偷窃是一种投机取巧的手段，青少年的偷窃行为与盗窃犯罪的主要区别是窃取财物的数量比较小、价值比较低。但青少年偷窃行为并不是简单的品行问题，若早期不注意防止，任其发展成为习惯，不仅会造成人格上的严重缺陷，将来还会对家庭和社会带来极大的危害。

青少年时期品行的可塑性比较强，未成习惯的偷窃行为相对容易纠正，所以应及早重视防微杜渐，以免根深蒂固，到时再改就为时已晚了。

§ 青少年偷窥心理解析

小飞是家里的独生子，家里人都对他疼爱有加。由于迷上了上网，他初中没毕业便辍学了，妈妈担心儿子整天沉迷于网吧，便让他照看家里的台球桌。小飞把看台球桌挣的钱拿去上网。后来家里不再提供上网的钱，小飞就想到了偷。小飞偷了他爸爸2000多元在网吧待了一个星期。小飞的父亲发现后狠狠地打了他一顿，但这种惩罚对小飞来说已经起不到任何作用了。仅仅几天后，上网的欲望又像虫子一样噬咬着他的心。于是，小飞又起了歹心，竟然把黑手伸向了邻居家里。一天，他看见邻居一家都外出了，就拿出一把不知从哪儿弄来的作案工具，开始了他的“旅程”。谁曾想，邻居的阿姨忘了拿东西，回到家里看到自己家的门开着，进到屋里，看客厅被翻得乱七八糟，又听到自己卧室有声音传出来，马上觉察到自己家里进入小偷了。接着，邻居的阿姨便不动声色地退了出去，在楼道里拿出了手机……

青少年偷窃行为是违反社会道德规范的一种行为。青少年偷窃行为虽然够不上触犯刑罚，但对社会治安秩序的危害比较大。对于青少年的小偷小摸行为，如果听之任之，其偷窃的恶习就会加深，占有欲就会加剧，偷窃的财物数量会越来越大，就如案例中的小飞一样。长此下去，如果每每得逞，他偷窃的次数就会逐渐增加，赃物的价值也会越来越高，这就真正由偷窃行为转变为盗窃犯罪了。那么，青少年为什么会产生偷窃行为呢？

1. 受社会负面的影响

社会虽说在进步，人们的思想素质也不断地提高，但也出现了一些拜金主义、享乐主义、腐朽生活方式的偏激倾向。一些不正之风经常出现，而青少年正处于人生观、世界观形成阶段，缺乏社会经验和明辨是非的能力，很容易受到影响，一旦经受不住各种物质享乐的诱惑，或者是在一定条件和某种因素的作用下，都可能会出现偷窃的行为。

2. 家庭教育不当

家庭教育培养对青少年的观念起着至关重要的作用，因为父母是子女的启蒙老师，时刻影响着子女人生观、道德观的形成。所以，家庭教育的缺陷是子女形成不良个性的基础，潜伏着青少年走上违法犯罪道路的危机。

3. 法制道德观念差

虽说现在中小学都设立了法律知识和品德教育课，社会上经常开展“送法上门”“法律进家”等多种形式的普法教育活动，但在力度上还是有欠缺的。青少年自身更是不重视此方面的学习。因而，致使一些青少年缺乏是非、荣辱、善恶观念，分不清罪与非罪的界限。

4. 青少年自身素质低

由于青少年犯大多文化素质较低，分辨是非能力较差，其处世的无知性、盲目性就很难应付来自社会各方面的影响，经不起诱惑，很容易被别人拉拢、利用或控制不住自己的情绪，意气用事，不计后果等，从而走上了犯罪的道路。

§ 加强自身素质，远离偷窃

1. 面对现实，敢于纠正

对于有偷窃行为的青少年来说，首先要面对现实，敢于纠正。偷窃并不可怕，“浪子回头金不换”，只要勇于改正，依然可以做一个堂堂正正、有益于社会的人。

2. 加强自身素质

青少年应该从自身加强道德理念，应正确区别哪些行为是好的，哪些是不好的，不能去做的。偷窃是违反道德的，更是违反法律的，青少年要充分认识到其问题的严重性和危害性。此外，要彻底摒弃那种“可以拿别人的东西”“只要自己喜欢，不管是谁之物，都可占为己有”的想法。自己想要拥有的东西，要通过自己的努力去获得，不要抱有不劳而获的思想。

3. 交正直的朋友，远离不良思想

有些青少年并不是自己要去偷的，而是受他人教唆，迫于压力而不得不为之的；属被他人教唆利用的，应断绝与行为不轨者的来往，多交一些正直的朋友，学习他们的行为规则，用他们的人品来影响自己。人是受环境影响的，在一个人人都正直、善良的环境下，谁又会去做一些不耻之事呢？

青春日记

偷窃行为并不是简单的品行问题，青少年时期品行的可塑性比较强，未成习惯的偷窃行为相对容易纠正，所以应及早重视、防微杜渐；否则，若不及早预防，将来不仅会影响正常的社会秩序，而且会大大破坏社会风气，影响精神文明建设，并给家庭和社会带来极大的危害。

离家出走——我就是故意赌气

青少年离家出走已经成为一个不容忽视的社会问题。青少年离家出走，大部分原因是因为得不到父母和老师的理解，心理压力过大而不能自拔所至；不过，青少年选择离家出走本身就是不对的，这是一种对自己和家人不负责任的做法。此外，青少年容易冲动，做事太过鲁莽，这也是导致他们离家出走的一个重要原因。青少年要学会正确地认知自我，以避免类似冲动事情的发生。

§ 青少年离家出走的原因分析

娟娟开学的那天，妈妈给了她 100 元钱，让她买些学习用品。她下午回到家，背了个空书包回来，妈妈以为她把钱拿去乱花了，就骂了她几句。

娟娟平时性格内向，她说她没花钱，只不过是钱丢了；丢了钱，娟娟心里也不好受，就哭着顶了几句嘴，于是爸爸打了她几巴掌。挨了打骂后，娟娟在自己的房间生气，哭了半天，一直没出门。第二天，当爸爸妈妈叫女儿起床时，发现娟娟不见了。但小女儿说，姐姐出去玩了。到了吃午饭的时间，娟娟还没有回来，娟娟的爸爸感到事情有变，于是赶紧跑到女儿的房间里。他们发现桌上留有一张纸条，上面写着：爸爸妈妈，我并不是把钱拿去乱花了，而是弄丢了。既然你们说我乱花了，那我就出去挣钱，等我挣到 100 元后，再回家上学。

生活中，像娟娟这样为了和父母赌一时之气而离家出走的青少年还有很多。这是一种很不理智的做法，这样做不仅让父母操心，而且有些出走的青少年不知不觉还会走上犯罪的道路。面对这种现象，我们不禁反思，为什么青少年容易选择离家出走呢？原因主要有以下几点：

1. 对外面世界的向往

一些青少年从小被家人溺爱，备受娇惯，并且对外面的世界很向往。由于缺乏应有的引导和教育，他们与社会上不务正业的人交往后，往往会离家出走，以追求向往的“自由”。

2. 逃避现实

一些青少年由于生活在对他们身心发展不利的家庭里，常遭打骂。他们中的大多数人学习成绩较差，为了免受打骂便一走了之。还有一些离家出走的青少年是因为忍受不了学校的学习压力，或者是升学压力，而选择离开。

3. 为了报复父母

有些青少年因受到或自认为受到家长的不公平对待，因此用离家出走进行报复。他们一般不会走得太远，当暗中窥视父母东寻西找的狼狈相时，还会幸灾乐祸、得意扬扬。

4. 盲目跟从

一些青少年出于好奇心，或轻信别人的话，轻率出走。具有这类心理的青少年比较单纯，辨别是非的能力较低，行为带有一定的盲目性，一旦出走便后悔莫及。

5. 与家长的矛盾冲突

有些家长和老师平时不讲究教育的方法与艺术，使青少年产生“破罐子破摔”的想法。再加上双方缺乏沟通和交流，矛盾不断产生和升级，导致青少年长期生活在感情缺失的环境中，感受不到快乐和温暖，以致愤而出走，甚至走上违法犯罪的道路。

§提高自己，走出心理误区

青少年时期正处于人生生长发育的关键时期，其情绪、性格等方面还不稳定。只有正确地认知自我，树立正确的世界观、人生观、价值观，才不会因一时冲动而做出对自己和家人不负责任的傻事。

1. 增强责任感

青少年进入青春期以后，心理上有了一个巨大的飞跃，成人感增强，但这并不意味着自己已经成熟，自己想怎么做就可以怎么做。由于缺乏社会经验，青少年心理上还有很幼稚的一面。这一时期，青少年应树立"以天下为己任"的雄心壮志，不在小事上"钻牛角尖"，而把主要精力投入学习中去。这才是最正确、最应该做的事。

2. 多与父母沟通

青少年平时应多与父母沟通。如果你希望家长能和自己平等对话，尊重自己的意见，那你就要抽出些时间和家长心平气和地谈谈，让他们了解你的想法。否则，只凭自己的一时冲动，动不动就离家出走，不仅对自己不安全，还会让家人为此担惊受怕。

3. 提高自己的心理素质

青少年在与家长发生争执后，常常会感到愤怒、委屈、压抑、无奈，这些坏情绪很容易就会让自己失去理智。青少年要注意培养的心理素质，比如耐受挫折的能力、为自己负责的能力、自我控制坏情绪的能力等等，这些能力都有助于青少年更好地认知自我、认知社会，更好地控制情绪，更理智地解决问题。

青春日记

青少年的离家出走与其心理脆弱及无责任感密不可分。离家出走其实也是一些青少年为逃避惩罚，摆脱责任的表现。青少年要学会对自己的一言一行负责，要提高自己的心理承受能力，这对一个人一生的成长都至关重要。

逃学——不受约束，多自在

逃学是指青少年在上学期间擅自离开学校到社会上闲混的行为。逃学是学校教育中的一种“病理现象”，其结果往往导致学生辍学，并常常同违法犯罪行为紧密相连。多次逃学的学生可能会养成习惯性逃学，与集体相隔疏远，对老师和同学有抵触。逃学也为学生产生不良行为提供了机会，因为这种学生正是坏人教唆犯罪的对象。“逃学”和“旷课”的含义大体相同，细微的区别在于逃学的时间较长，旷课的时间较短。

§ 透析青少年逃课的原因

小兵小学时成绩很好，上了私立中学后却受到一些不良风气的影响，互相攀比、不爱学习，还迷上了玩电脑游戏，于是开始逃学旷课。他妈妈听说外省有一所培训学校专门纠正青少年的不良行为习惯，就给小兵办理了休学手续，以旅游为名将小兵哄骗到那所学校……小兵在那里吃了不少苦头，跟着部队训练、和当地的农民一起干农活，等等。一年后小兵回到家中，行为习惯确实有所改变，但由于文化课落下太多，小兵回校后跟不上教学进度，又开始逃学。

如今，青少年逃学现象越来越普遍了，而其发生的原因是多方面的。在上面的案例中，小兵是因为贪恋网络游戏，学习成绩下降而逃学。那么，青少年逃学的原因还有哪些呢?

1. 学习压力过大

由于青春期的青少年生理和心理发展不成熟，由于“万般皆下品，唯有读书高”观念的影响，社会上形成了追求高学历、高录取率的风气，家长因此对子女期望值过高、要求过严，这种做法给了青少年过大的压力，两代人之间的代沟也变得越来越大，从而导致家长和青少年之间不能有效沟通，把各方面的困难压抑在自己心理，造成性格内向，注意力偏差而导致厌学。一些有学习障碍的学生成绩跟不上去，在老师和同学面前觉得抬不起头来。这样，心中逐渐产生在学校没劲、学习让人苦恼的想法。

2. 考试的压力

对于竞争日益加剧的当今社会，学生面临着严峻的挑战，他们只有通过中考、高考才能有出路，这使得他们夜以继日加紧备战。学习优异者担心水平不能正常发挥，学习不良者自暴自弃，失去对学习的追求与热情。有些学生尽管花费了大量的时间和精力去学习，但由于没掌握良好的学习方法，在考试中屡次遭受失败，因而也会产生厌学或者逃学。

3. 青春期性心理冲突

调查发现，产生厌学情绪的一些青少年与其初入青春期的生理心理发育有关。当女孩出现初潮和男孩首次遗精时，由于神经、内分泌的作用，他们的警觉性增强，这是潜在的性心理压力。

4. 缺乏兴趣

如果青少年上自己不喜欢的课，对这一科不感兴趣时，就会有厌学的心理，或者是逃学。

§ 正规学习，不再逃学

青少年逃课是一种既不利于自己也不利他人发展的做法，逃课不仅耽误青少年的正常学习，还会导致其不能集中精力听课，成绩下降。这对人生的发展来说，是一大损失。

青少年时期是人生学习的关键时期，还是通往成功之路的阶梯。每一位青少年都想将来长大后做一个事业有成的人，但通往成功最重要的一条捷径就是学习，而且，要想踏上成功这条路，就要加倍地学习。所以，对于学生来讲，如果没有成绩，什么都是空话。青少年切不可沉迷于玩乐之中不可自拔。青少年要学会抵制社会上各种不良因素的影响，充分认识学习的意义。面对学习上的失败，要进行正确的归因，全面评价自我，恢复自尊与自信，扬长避短，重新设计，塑造自我，而不是知难而退，逃避学习。

因此，青少年朋友们，趁着还年少的时候，快行动起来，学习吧！当遇到挫折时，别灰心，别后退！别因为某次成绩不理想就放弃它，应该面对挫折。发现错误就纠正错误，勇敢向前。要有信心也要有决心，为下一次考试做好充分的准备。只有付出，才会得到收获；只有学习，才会得到学习的劳动成果。青少年朋友们一定要好好学习，千万别浪费掉了宝贵的光阴！

青春日记

青少年的逃学现象，反映了现代家庭教育和学校教育中存在的问题，以及青少年个性的缺陷。因此，家长与老师要改进教育方法，了解青少年的心理，与青少年学生保持良好关系，关心和爱护他们，及时矫正逃学行为，这样才有利于他们的成长。

青少年由于身心不成熟，极易受到社会上不良因素的影响。一些青少年小小年纪就开始吸烟、喝酒甚至吸毒。由于青少年正处在生长发育时期，各生理系统、器官都尚未成熟，其对外界环境有害因素的抵抗力较成人弱，所以这一时期如果吸食这些物质不仅会损害身体的正常生长，还容易损害大脑，使思维变得迟钝，记忆力减退，影响学习和生活。此外，青少年吸烟、饮酒、吸毒一旦成瘾，就难以自拔；而饮酒过量也常导致争斗；为支付烟酒费用而发生偷窃、卖淫等。这些都将严重危害社会和个人，因此，青少年一定不要染上吸烟、喝酒等不良习惯。

§ 青少年吸烟、喝酒、吸毒现象分析

16岁的小光虽然从小爱玩好动，但学习成绩还算不错。这个年纪的青少年，爱打游戏机的挺多，小光也不例外。一次，在游戏机房里，小光认识了一群“哥们儿”。他们掏出一种白色粉末，围坐在那里吸，一副“飘飘欲仙”的样子，一下子就引起了小光的好奇。当“哥们儿”怂恿他尝一口时，小光毫不犹豫地伸出了手。有了第一次，就有了第二次、第三次。后来，为了弄钱吸毒，小光开始学会说谎，甚至还骗同学的钱用来吸毒。

很多青少年由于思想单纯、幼稚，好奇心强等原因，看到他人吸烟、喝酒、吸毒（可能他们也不知道是干什么）时，就心生羡慕，甚至还觉得这样的人很“酷”，于是自己就也开始模仿起来。这是大多数青少年开始吸烟、喝酒，甚至走向吸毒道路的重要原因之一。此外，以下几点也是导致青少年养成吸烟、喝酒等不良习惯的原因：

1. 交友不慎

由于青少年身心发育尚未成熟，对任何事物都存在强烈的好奇和探索欲望，缺乏辨别是非的能力，如果交上损友，就会在好奇心的驱使下而做出不理智的事。

2. 精神空虚

每个都要长大，而“成长的烦恼”谁都避免不了，成绩下降、家庭矛盾、早恋受挫……于是，为了寻找安慰、排遣烦恼，一些人就会想用吸烟、酗酒、吸毒来麻醉自己。

3. 家教不当

父母对青少年管教过严、过宽或者是父母不能以身作则，而让青少年学会了不良的嗜好。

4. 追求时尚

许多青少年为了追求前卫，标榜自己的前卫行为，选择与怪异行为为伍，认为吸烟、喝酒、吸毒就是时髦、气派，是高档消费和富有的象征，这样就有了不良的嗜好。

5. 叛逆心理

由于正处于青少年时期，青少年很容易产生叛逆的心理，而产生这种心理的原因来自多方面，如父母离异、家庭关系紧张、学习压力大、师生关系不好、中高考受挫等，种种不顺心的事引起精神苦闷，情绪低落，试图以各种方法来麻痹自己。

6. 受媒体的影响

由于现在的媒体很发达，一些影视作品对青少年的影响非常大，大量吸烟、酗酒、吸毒镜头即使不会直接诱导他们学会不良嗜好，也会让他们对这些不良嗜好不加排斥，从而影响青少年的身心健康。

§ 控制自己，远离不良嗜好

青少年一定要远离吸烟、喝酒、吸毒等不良嗜好，这是对自己负责，也是对父母和他人负责。

1. 青少年应树立正确的人生观

青少年时期最重要的就是学习，而不是盲目地追求享受，千万不要为了自己好奇心理而侥幸去尝试，从而受到不良的影响。

2. 青少年交友要小心

不要随意结交自己不认识的朋友，因为他们极有可能是违法犯罪分子。

3. 提高自己的意识

要熟知吸烟、酗酒、吸毒对人危害，提高自己的意识，以免染上这些不良嗜好。

青春日记

青少年吸烟对身体的危害极大，有的青少年只知其一不知其二。烟草本身就含有很多化学物质，如碳水化合物、有机酸类、含氮化合物、烟碱和“有效成分”树脂、多酚、木质素等。青少年处于成长发育时期，身体的各个组织器官还没有发育完全，神经系统、内分泌、心血管系统、肝脏解毒和免疫力等功能都不十分地稳定和健全，而且对外界的不利因素抵抗能力还较差，对疾病的易感性比较强，此时吸烟是很容易引起呼吸道疾病发生的。此外，青少年开始吸烟的年龄越小，其日后患的疾病就会越多。所以，青少年一定要珍惜生命，珍惜自己，远离不良嗜好。

打架——看哥们儿多讲义气

在历史故事中，人们比较推崇路见不平、拔刀相助的江湖义气；如今，一些青少年也信奉“江湖义气”，他们呼朋唤友、称兄道弟，趣味相投、抱成一团。为了所谓的义气，他们是非不分、丧失原则，甚至违法犯纪、胡作非为，最终成为义气的牺牲品。他们把“义气”一词的含义已经扭曲了，狭义地成了“为朋友两肋插刀”。

其实，青少年的这种义气是一种无知和盲从，是与现代文明社会极不相容的。人之相知，贵在知心。如果与心术不正的所谓“朋友”纠缠不清，自己就可能陷入一个不辨东西的“迷魂阵”里，从而害人害己。据有关资料显示，青少年罪犯中有78%的人都是受“哥们儿义气”的影响。

§青少年打架成因分析

小虎打伤了小朋的哥们儿小正，为了替自己的好朋友报被打之仇，小朋约了五六名朋友在舞厅门前晃悠，准备报复小虎。为了防止在殴斗中吃亏，小朋事先将带来的菜刀藏在了附近的一棵小树下。正当小朋感到烦躁时，忽然有人在他的肩膀上拍了一下，小朋回头一看认出是以前在一起打过牌的朋友小郭，在小郭身后还有十几个同伴。小郭说自己是受小虎之托前来说和这件事的，小虎打伤小正是场误会，希望大家看在他的面子上化干戈为玉帛。小朋不愿意，非要小郭把小虎交出来。而小郭坚持不说出小虎下落来。结果两个人反目，小郭一拳正好打在小朋脸部，愤怒的他立即扑向小郭，与小郭扭斗在一起。小郭的同伴一看小郭在打斗中处于下风，立即一轰而上将小朋团团围住，小朋的同伙见状也不甘示弱，冲上去与小郭一伙混战在一起。小朋一伙人少，打不过小郭。看到这种情形，小朋立即跑到小树底下操起那把菜刀，向小郭他们一伙砍去，迅速反败为胜，将小郭等一伙人打得七零八落，四散而逃。小郭见状不妙扭头准备逃离现场，小朋迅速上前将他拦住，小朋在小郭的脖子和右膀子上各砍了一刀。小郭由于心中害怕瘫倒在地上，而小朋等一伙人见事情闹大了，立即分头逃跑了。

青少年打群架是一种非常幼稚又冒失的行为，轻者受点皮外伤，重者可致残甚至致命。分析导致青少年打群架的原因，主要有以下几点：

1. 受到不良信息的污染

许多青少年在看了电视中所播放的电视剧之后，被故事情节中的哥们儿义气所感染。同时，也为了满足强烈的物质欲望和精神空虚，寻求各种刺激，在情调相同的情况下，结成团伙，自觉或者不自觉地走上了犯罪道路。

2. 义气与友谊不分

凡团伙成员都具有浓厚的哥们儿义气思想，违法犯罪青少年在道德观念上是非颠倒，善恶不分，把哥们儿义气关系奉若神明，认为它是处世和衡量友谊的一个标志。其实，哥们儿义气与友谊是截然不同的。青少年渴望友谊，但是千万不可误把哥们儿义气当作友谊。诚然，友谊需要互相理解和帮助，需要义气，但这种义气是要讲原则的。如果不辨是非地为朋友两肋插刀，甚至不顾后果，不负责任地迎合朋友的不正当需要，这不是真正的友谊，也不是真正的义气。

3. 交友不慎

交友是青少年社会交往中非常重要的事情。伙伴之间常常是互相模仿，互相影响，彼此常常是无所不谈，可以互诉苦恼、互相同情。两代人之间的代沟常常使他们从伙伴那里得到温暖和力量，有时甚至可以达到言听计从的程度，为哥们儿义气可以“上刀山、下火海”，在所不惜。而对父母和教师的教导和劝告，常持怀疑和忽视的态度。

4. 分辨是非能力太弱

由于青少年大多文化素质较低，分辨是非能力较差，其处世的无知性、盲目性很难应付来自社会各方面的影响，经不起诱惑，很容易被别人拉拢、利用，或控制不住自己的情绪，意气用事，不计后果等，从而走上了犯罪的道路。

§加强自身修为，看清所谓的“义气”

1. 分清友谊和哥们儿义气

有些青少年分不清友谊和哥们儿义气。友谊应该是人与人之间的一种真挚的情感，是一种高尚情操，友谊使你赢得朋友。当遇到困难和危险时，朋友会无私帮助；如果有了烦恼和苦闷时，可以向朋友倾诉。而“哥们儿义气”源于江湖义气，会为“哥们儿”私利而不分是非，不讲原则。常常干出一些蠢事，甚至坠入犯罪的深渊。

2. 要学会控制自己的情绪

冲动是魔鬼。许多青少年都是由于一时情绪失控，没有考虑清楚，而走上犯罪道路的。所以青少年一定要学会控制情绪，不要听说朋友被欺负，就愤怒得不得了，要找别人报仇。

3. 不要盲目从众

许多犯罪的青少年，都具有这样的心理，就是别人都去帮朋友，我不能不去，根本不考虑事情的严重性。结果朋友没有帮到，反而害了自己。

4. 培养自己的自控和独立处事的能力

自控能力和独立处事的能力使青少年能够清醒地认识自己在何时该讲哥们儿义气，何时又该放弃哥们儿义气。因为同伴关系的持久力、内聚力对青少年的成长发挥着巨大的作用，也影响着自己接受错误教育后能改正的程度。因此，青少年应该培养自己的自控能力和独立处事的能力。

青春日记

青少年由于自我意识的飞跃发展，常常非常注重自己在同龄人群中、在朋友中的地位，他们渴望得到别人的尊重和接纳。有时碍于朋友的面子，只要是伙伴的提议，他们一般不会判断是与非，就全力以赴，这种错误的认识多已成为青少年自我权衡的标准。青少年要改变认知，提高自己明辨道德是非的能力，以免走向邪路，影响人生的发展。

第六章

“死了都要爱”——网络挫折

“寻寻觅觅寻不到活着的证据，都市的柏油路太硬踩不出足迹……”

如今，电子游戏机已从青少年的生活中退出并销声匿迹；但作为电子游戏机的后继者——网吧，则以另一种形式悄然占领了这块失地。网络时代已然来临。

然而，很多青少年在接触网络之后如染毒瘾一般，如痴如醉，沉陷其中，难以自拔，尤其是那些不堪入目的色情网站、黄色图片等不良元素在冲击着青少年的眼球，侵蚀着他们的心灵。他们高喊“网络万岁”，对网络“死了都要爱”的口号，网络引发的偏激思想也是诱发青少年犯罪的主要祸根之一。

深陷网吧，无法自拔

随着科技的发展，网络已普及了人们的生活。网络普及后的生活让大家体验到了方便和快捷的乐趣，但同时也带来了一些令人烦忧的事，例如，那些初谙世事的青少年对于网络的沉溺及不能自拔，这给青少年本身和社会带来了不良的影响。

一份份沉甸甸的青少年网络调查问卷，让人们看到了当今青少年心理健康问题。由于缺乏沟通，青少年肩上学习和父母期望的压力过大，使青少年沉溺于网络，玩游戏、聊天、交网友，荒废学业，进而产生自闭心理。这都让青少年感觉与现实世界已日渐疏远，自闭的症状也会越来越严重。

§ 网吧是天堂？还是地狱？

李东期末考试成绩不佳，父亲便当着李东同学的面呵斥他："你怎么这么笨哪，长了猪脑子不成？没用！"李东当时面红耳赤，尴尬到了极点。经过一段时间后，父亲发现李东情绪低落了许多，很少跟父母说话，学习成绩也直线下降。父母主动跟李东沟通，李东也像没听见一样，每天都去泡网吧，连学校的课也不去上了。

后经心理专家咨询后才明白，李东的自闭情绪是因父亲的教育方式不当所造成的，导致孩子在网络中迷失了自己。像李东这样与父母缺乏沟通而导致出现心理问题的事例有很多，调查问卷发现，有90%的青少年认为自己不愿意与父母沟通，也不会去跟老师沟通。除了去网上玩游戏、交网友外，他们不愿跟任何人沟通。

这就是典型的自闭症状，长时间的沟通不顺畅，对于青少年的身心发展极其不利，也是其走向自闭的开始。

网络也好，游戏也罢，都是一个虚幻的世界。一个人的心理活动是受大脑支配的，大脑把外界的各种事物信息收获后，就会对这些事物做出反应，这就是心理。当一个人长时间地生活在虚幻的世界里，其大脑所收集的信息肯定也会虚拟化，这表现在网上交友、网络游戏等方面。这其中都有一定的幻想色彩，它们与现实生活是有差异的，若分辩意识不强，就会产生一些不合实际的想法，当大脑被虚幻心理所支配，就必然会出现精神幻想。若长时间沉迷于虚无的幻想之中，这个人也必定会是孤独的，因为他逃避了人与人之间的亲热感情，他会沉溺于幻想来满足个人的感情需求。

自闭症是一种心理疾病，又称为孤独症，它主要是由社会交往的障碍、兴趣范围狭窄和重复操作、坚持固定不变的生活模式所引起的一种心理疾病。患者倾向于采用刻板冷漠的方式应付日常生活和学习，在各种活动中的表现也会是如此。

家长们会感叹：先前懂事听话的孩子到哪里去了？孩子现在怎么像活在另一个世界的人一样，从来不跟我们沟通，也不说话？

归根结底，孩子因沉溺网络而产生的自闭现象，大多与家长有关。

1. 生活没目标。一位家长说道："我家孩子现在每天都在上网，学习成绩差得没法说，马上要考试了，他一点都不急，他爸打过也骂过，可他还是依旧我行我素。"有调查显示，这种沉迷于网络而放弃学业的青少年不在少数。他们对学习、前途及未来没有希望。他们只是试图在网络中寻找自己，逃避现实。久而久之，导致自闭心理的形成。

2. 缺乏自信。缺乏自信心的孩子一旦接触了网络，就会马上沉溺于其中，很难自拔。这是因为网络游戏给孩子带来了成就感和自我满足感，这正是现实中无法找到的，也正是孩子需要的，于是网络就成了孩子心灵放纵的温床。缺乏自信的孩子，往往最容易走向自闭的深渊。

3. 沟通不良。如今的孩子大多是独生子女，除了在学校等教育场所，孩子很少有机会和同龄人交流和娱乐，青少年叛逆的心理和想法也得不到家长的认同和肯定，甚至有时还会受到家长的鄙视和责备。而在网络中孩子可以找到"知己"朋友，他们有共同的烦恼和忧虑，这也是孩子所谓的"共同语言"，正因为如此，孩子才会脱离现实生活，拒绝与家长和老师沟通，进而产生自闭心理。

4. 学习压力过大。"望子成龙"是每位家长对孩子的期望，但结果却往往不遂人愿。当孩子感觉压力大时，就需要一个宣泄的机会，而网络游戏对孩子具有强烈的吸引力，对一些简单的游戏，有时成年人都会乐此不疲地玩上一整天，更何况是孩子？

当青少年遇到自己不可解决的难题或是受到外界因素的影响时，心理上就会存在一定的恐惧。有的惧怕上学，有的惧怕家长或老师，这时就会产生一种逃避心理。为了逃开这些心理恐惧的对象，青少年就会选择逃学去上网，这时网络已成了青少年的避难所。

§ 走出网吧，放飞心情

网络已成了一种获取知识的重要来源地。在网上，青少年可以看到最新、最快的新闻和知识解答，可以学到许多书本上没有的知识，了解的知识面会更广一些，这都有利于青少年更快、更早、更接近科技的前沿。但有的青少年足不出户，整日迷恋于网络游戏中，形成的自闭性格该如何自救呢?

1. 开放自我。青少年应真诚和坦率地把自己交给朋友、同学、老师和家长。要学着主动去亲近他人，关心他人，因为与人交流是一个互动互酬的过程，你若真诚待人，他人也必会对你以诚相待。这样才能扩大自己的社交范围，才能使其人际关系更融洽，孤独感自然就会慢慢消退了。

2. 缩小自己与同学或朋友间的差异。有着自闭症的青少年大都是清高自傲的，他会经常做脱离集体、高高在上的“超人”。青少年不可自卑多虑，不要脱离同龄人，自己做索然独居的“怪人”，从文化教养到兴趣爱好等各个方面，青少年都要与同龄人相互沟通，相互学习。

3. 增进与家长的了解。青少年应对家长多一些理解和体贴，家长所做的一切都是为自己好，千万不可将父母的关心理解为无理取闹，多站在家长的位置考虑他们的感受，相信青少年会明白家长的苦心的。青少年了解了家长的心理后，就要尊重和体谅家长，常与家长做沟通，跟他们说说自己的想法，以填平两代间所谓的“代沟”。同样，家长也应对青少年一代多一些理解和帮助，注意自己的教育方式，否则两代间会很难沟通。

4. 培养广泛的兴趣爱好。青少年处在精力旺盛时期，应多为自己安排些丰富而有益的业余活动，把思想感情从孤独的小圈子里走出来，投入到广泛的健康的活动中去。

5. 树立正确的观念。青少年应建立起健康的友谊观、恋爱观、家庭观、学习观。这些都是抵抗寂寞和孤独的重要法宝，须注意的是学习观的转变，青少年的学习不是为了家长，而是为了自己将来能有一份生存的保障，更多的是为了体现自我价值。

6. 辩证看待孤独。青少年应力求避免让自己陷入孤独中，但也不必害怕孤独。要对孤独有正确的看法。孤独并非孤立，偶尔孤独也不是什么坏事，青少年要学会享受孤独。

青少年自闭现象产生的主要原因体现在一点上——其知心朋友的数量直接影响到其心理的健康状况。青少年拥有的知心朋友越多，平时得到的关心越多，其遇到烦恼时所能得到的理解和帮助就越多，心理健康状况也就越健康；反之，知心朋友数量越少，其心理健康问题也就越明显。此外，还有一点就是，其家长文化素养越高，与青少年的沟通越多，青少年的情绪健康状况就越为良好；反之，家长的文化素养越低，沟通又少，或者是方法不得当，青少年的心理健康出现问题的概率也就越大。所以，青少年应该多和家长沟通，另外一方面也应多交些知心朋友。

青春日记

迷恋上网的青少年通常在现实生活中存在不愿与人交流、对网络以外的事物反应冷淡、情绪不稳定等现象，解决这类孩子问题的最好方法是为他们建立一个全新的、相对独立的转变环境。家长可让孩子参加一些夏令营、素质培养班之类的同龄人团体，让他们在无法接触网络的环境中，在老师的引导下试着与人交际，尝试体验网络以外的同龄人群体游戏的乐趣，使孩子从虚拟的网络世界中摆脱出来。

网络游戏让人痴让人狂

当今社会，是信息时代的社会，网络就是传递信息的工具，它给我们的生活与工作带来了便捷的同时也对青少年的身心健康带来了极大的伤害。有句传言是：众多家长的眼泪成就了中国一批新富豪。网络游戏对孩子的诱惑，和当年鸦片对中国人的毒害一样，是不分贫富、不分身份高低的。无数家长对孩子前途的殷切希望，就可能毁在网络游戏上面。

§ 网络游戏，是产业明珠还是毒瘤

青少年朋友们，你们可曾知道中国目前有2000多万网络游戏少年，

其中有260万网络游戏沉溺者。也就是说，当前至少有2000多万个家庭遭受着程度不一的破坏，有260万的少年面临着身心损毁的危险，甚至处在家破人亡的悲剧边缘。网络游戏通过对少年玩家身心的不易察觉的侵蚀，直接破坏着大量家庭和睦稳定的结构，将原本幸福美满的家庭推向了可怕的深渊，并严重弱化了人们的社会道德意识。特别是对于青少年来讲，网络游戏并不是产业明珠，而是一个毒瘤！

沉溺于网络游戏可以让青少年们失去理智，从而做出不可想象的举动。有的青少年从离家出走，然后偷盗抢劫，甚至灭绝人性草率杀人，无数触目惊心的事实让我们不容置疑：网络游戏产业不是巨大产值的明珠，而是制造人生悲剧痛苦的毒瘤。

网络游戏对于青少年来说，它具有潜移默化的作用，容易使人将虚幻的世界与现实世界混淆起来。现在网络游戏已经成为第三大毒品之一。网络游戏是披着高科技、高文明、高现代化外衣的一种比海洛因更毒的毒品。由于它的外衣太五彩缤纷了，尤其是对一些“电脑盲”家长，为了让自己的孩子掌握一门高科技的知识而让孩子们去学习网络、计算机，最终却因失控给家庭带来很大的负面影响。

青少年为什么会沉迷于网络游戏，因为自制能力不强，就很容易上瘾，输了想赢，赢了想更上层楼，无休无止。而随着技术的不断提高，网络游戏的场景更加逼真，情节越发吸引人，玩家已经不仅仅是在玩单机游戏，而是在网络上与看不见的人在对抗，这样就给玩家提供了更大的刺激和诱惑。网吧里那些未成年的青少年，许多人嘴里叼着烟，挥舞着拳头，高声叫喊着：“砍死他！”这些青少年相互攀比的是：“我有了什么样的高级武器”“今天杀了多少人”。一旦具备这种心理，可以说其人格已经得到了极大的否定，如果还是执迷不悟苦苦地深恋于游戏，那么青少年朋友们，你们的人生将会是一潭死水，无声、无息！

§ 网络游戏存在的危害

网络游戏对于青少年来说是一个巨大的毒瘤，其危害也是相当严重的。

首先，网络使许多缺乏自控的青少年沉溺于网络虚拟世界，脱离现实，也使一些青少年荒废学业。与现实的社会、生活不同，青少年在网上面对的是一个虚拟的世界，它不仅满足了青少年尽早尽快占有各种信息的需要，也给人际交往留下了广阔的想象空间，而且不必承担现实生活中的压力和责任。虚拟世界的这些特点，使得不少青少年宁可整日沉溺于虚幻的环境中而不愿面对现实生活。而无限制地泡在网上将对其日常学习、生活产生很大的影响，严重的甚至会荒废学业。

其次，网络对青少年的身心健康与安全造成相当严重的危害和威胁。网络对青少年的危害主要集中到两点，一是某些人实施诸如诈骗或性侵害之类的犯罪；另一方面就是黄色垃圾对青少年的危害。据有关专家调查，因特网上非学术性信息中，有47%与色情有关，网络使色情内容更容易传播。据不完全统计，60%的青少年虽然是在无意中接触到网上黄色信息的，但自制力较弱的青少年往往出于好奇或冲动而进一步寻找类似信息，从而深陷其中。调查还显示，在接触过网络上色情内容的青少年中，有90%以上有性犯罪行为或动机。

有这样一个真实的故事：一位年过半百的母亲满面愁容地进了网吧，走到他儿子跟前。儿子正全神贯注地盯着电脑屏幕上刺激的网络游戏画面，嘴里不停地喊着："打死他！打死他！"对于母亲的到来毫无察觉。母亲见状，"扑通"一声跪倒在儿子面前："儿子，妈妈求你了，咱们上课去吧，妈妈都找你一个星期了……"说完号啕大哭，那哭声撕心裂肺，令人痛心疾首。

青少年朋友们，不知你们看过故事之后有何感想，有人这样总结的：天下所有母亲的跪拜，都是伟大的，包括狼在内。但唯独这位慈母的跪拜，却是人类最大的悲哀！

青少年朋友们，网络游戏只是放松自己和开发智力的工具，不要让它成为你们的主宰。无论在网上多么快乐，还要在现实生活中寻找自己，在现实生活中感受和创造快乐。网上的朋友也许给你们的是假象，一定要记住：虚拟的友谊不能取代现实生活中真实的情感！

青春日记

青少年由于自控能力差，在网络游戏成瘾现象中受到的影响最严重，网络游戏成瘾的比例也相对最高。要想让网络游戏青少年戒除网隐，只有自觉接受、自觉行动，才能真正起到不再沉迷于网络游戏的效果。

对网络成瘾

道德品质，是指一个人依据一定的社会行为标准和行为规范所表现出来的某些稳定的心理特征和倾向。它是在道德意识或观念为指导的基础上，为一个人做出道德判断，继而产生道德情感和行为。青少年期是道德品质形成和发展的重要阶段。青少年由于各方面都不成熟，其防护意识和自我控制能力都极其薄弱，好奇心也强，这样就很容易染上网瘾。

§ 网瘾的几种常见类型

当今社会，电子游戏机已从青少年的生活中退出并销声匿迹；但作为电子游戏机的后继者——网吧，则以另一种形式悄然占领了这块失地。网吧作为新时代的产物，令众人着迷，对青少年的影响则更为严重。网吧的适应面较为广泛，男女老少皆宜，而其内容相较于电子游戏室也是丰富多彩。但它对人们的危害性丝毫不亚于电子游戏室，甚至有过之而无不及；它对于青少年的危害则更为突出，因为泡网吧者多为青少年。

1. 青少年网络游戏成瘾。青少年玩游戏时由于不受时空的限制，可以和网上世界任何地方的人对抗或合作，可以任意选定角色等，这些都足以让一些意志薄弱的青少年沉迷于其中，逐步形成网瘾。

2. 青少年浏览不良网页成瘾。网络在带给人们方便快捷的同时，也将许多不健康的信息传播了开来，这就造成了网络不健康信息的泛滥，这也让自制力较弱、思想不成熟的青少年误入其中。

3. 青少年网络“自我为中心”成瘾。一部分青少年很多时候会受网络支配，其行为中有着明显的冲动和盲目性，以致在大量不良信息的冲击下，对自己的行为无法自控，最后陷入其中无法解脱。

4. 青少年网恋成瘾。网络中的许多内容都是有一定虚幻色彩的，青少年辨别意识较弱，很容易投入网恋虚幻的感情世界中。这种行为有一定的虚假性，会使青少年在其中学会说谎、多角恋爱等行为，这都让青少年的道德观念严重腐化。

5. 青少年信息性网络成瘾。此类网络者花费大量的时间在搜索和收集与自己工作、学习无关或者不迫切需要的信息上，造成工作和学习效率的下降。

6. 青少年程序性网络成瘾。此类成瘾患者往往自认为能成为一流的游戏和计算机程序设计者，不能自拔，影响正常的工作、学习。

7. 青少年强迫行为性网络成瘾。此类成瘾者不可自控地参加网上赌博、网上购物及拍卖等。

§从网瘾的分类及判断来明确自己网瘾程度

青少年朋友们，我们首先需要明确一下网瘾的概念，经常上网玩游戏或聊天等并不属于网络成瘾。对于网瘾，专家是这样定义的，它是病态网络使用，是一种冲动性地过度使用网络，并因此导致的明显的心理功能损害的现象。判断网瘾的标准有八项，在这八项中，青少年符合的越多，就表明其网瘾程度越严重。如果有的青少年有了四项或更多的现象，并已持续了一年以上，那就表明已患有网瘾了。下面就让我们来看看这八项标准。

1. 上网已占据了你的身心；

2. 觉得只有不停增加上网的时间才能得到满足，上网时间常常会比预定的时间要长；

3. 无法控制自己想去上网的冲动；

4. 当其他特殊原因不能去上网时，会感到心烦意乱或没劲；

5. 上网是解脱痛苦的唯一方法；

6. 家人或朋友并不知道自己迷恋网络的程度如此深；

7. 因迷恋网络而面临失学的危险；

8. 虽然在支付高额的上网费用时会有所悔意，但下一次却仍忍不住还要去。

据调查，我国青少年有85%都上过网，其中网龄不足一年的为52%；3个月内才上网的占20%，未成年人网民群体的增速正在迅速提高。在受调查的青少年中，六成多平均一周或一周内上一次网，七成多每次上网时间基本控制在2小时以下；也有小部分每次上网时间较长，达到5小时以上的，大概占4.5%。

青少年朋友，如果你有网瘾，那么应该对自己的网络行为进行纠正。要纠正网络成瘾避免其道德腐化，以下几项措施会对你有很大的帮助：

1. 心理疗法。青少年在网络成瘾前后，都知道过度沉溺于网络是不正确的行为，但自己却又总是无法摆脱对其的依赖心理。可以咨询心理专家，通过心理分析和认知的转变，运用心理学技术来减轻青少年的心理依赖，继而建立正常的人际交往观念和亲子道德观念，这些都有利于青少年提高自我认识能力和自我控制能力。

2. 加强时间观念。青少年应建立规范的生活认知，合理地安排自己的时间。可以在去上网前先做些别的事情，例如找同学玩、帮妈妈买东西、写完作业去打会儿球，这样就会缩短上网的时间。最好每天都把时间安排好，把时间多分些到其他事件上去，这样，网瘾就会慢慢转移到生活中的其他活动中去。等到养成习惯后，网瘾就会慢慢戒除。

3. 巩固观念。在行动的过程中，心里肯定会有犹豫，也会出现注意力不集中等现象；但这时千万不可中止行动，可以通过转移注意力、加强心理宣泄和心理激励的方式来排解。慢慢地，其网瘾反应就可以逐渐消除；照这样坚持下去，最终，他就会彻底摆脱网瘾的困扰。

青春日记

青少年朋友们，网络是虚拟世界，但它也脱离不开现实社会，我们不能把它从生活中踢出去。网络中有垃圾，也有宝藏；有精华，也有糟粕。就像生活中人们打的针，吃的药不也都含有毒成分吗？因此，如果青少年真的想上网，可以适当地玩一会儿，不能因为网络上有垃圾便排斥它，当然也不要因为网络上有宝藏而放纵自己。应该在父母给自己足够的自主权利时，尽力地保护好自己，让自己能够正确上网。

网络世界并不是现实世界

网络游戏之所以能吸引青少年，事实上正是那种长期反复进行重复操作的过程，让青少年体验着这样的古怪模式：一方面聊天、玩游戏吸引着自己投入其中，另一方面又不惜为此花费大量的时间、精力和金钱。最终意义在于自己有了目的地操控时间，为了游戏积分能升级，不厌其烦地、一直不停地玩，只有这样，他才会感觉到时间是属于自己的，而自己也是有所为的，让人有一定的成就感和充实感。而这样的充实过后呢，又开始感觉精神空虚。生活和学习为什么会空虚，这完全在于时间无从打发。于是，在漫无目的中青少年就会沉迷于网络，周而复始地恶性循环着。

§克服网络成瘾的障碍

网络就像是一把双刃剑，它在带给人们方便的同时，又存在着让人痴迷的危险。网络以其新奇性、自由性、丰富性、富于挑战性等，极大地满足了青少年的生理、心理需要，形成对青少年巨大的吸引力，如果不给予他们正确使用网络的知识和技能，不使其形成良好的网络意识，其就会被网络中的黄色信息、恶作剧行为、攻击行为等所毒害而难以自拔。这是网络时代心理教育必须关注的一个重要问题。那么，青少年要想克服网络心理障碍，首先就要从两方面做起：

1. 提高自身修养。青少年要时刻关注自己健康的人格发展，要多与同学和父母沟通，保证信息畅通；注意培养愉快的情绪特征，强化心理健康教育，多了解一些网络成瘾的危害，提高自身修养；通过训练，尽快掌握一些调节心理矛盾冲突的有效方法；要发现自己的兴趣，培养自己的兴趣爱好，多参加一些丰富多彩的活动，与健康向上的朋友交往。

2. 正确地认识网络。在这个信息时代，网络是必不可少的，所以，青少年要正确地对待网络，认清上网的利与弊。利用网络学习是一种很有效的学习方法，适当地上网娱乐，放松精神也是一种休闲的好途径。对于父母的劝解和引导一定要耐心对待，要学会培养正确的观念。

青少年朋友们，你们处于风华正茂的年龄阶段，做事情缺乏自控能力又有好奇心，特别是对于喜欢接受新事物的青少年来说，要适当控制其上网时间，可与父母签订协议，以此来培养自律能力，从中学会守时、守信和守约。

§从网络中回到现实

网络给青少年一个自我创造、扩大交往、增长知识、心理沟通和排解不良情绪的巨大空间，但随之而来也产生了许多负面心理问题，所以，青少年朋友们，网络世界并不是现实的，那么，怎样才能让青少年从网络中回到现实呢?

1. 允许自己上网

网络本身就不是洪水猛兽，所以没有必要刻意去逃避它；更何况，在信息时代中，网络无处不在，这是无法逃脱的。所以，青少年不要一味地回避上网，毕竟现在是一个网络的时代，你可以正确地、科学地上网，浏览一些对自己有益的网页，找一些相关的学习资料……可以跟自己做个约法三章，允许自己上网，但必须遵守一些规定或者限制上网时间，久而久之，自己就会对网络形成一个正确的认识。

2. 为自己创办一个健康的家庭环境

如果有一个民主、和睦、丰富多彩的家庭生活，青少年通常是不会沉迷于网络当中的。因为，和谐的生活环境给了他们足够的自由、平等和快乐。因此，青少年要学会与父母沟通，对于父母的专制行为要让他们知道对自己的危害，同时对待父母也要像朋友般的理解和宽容。

广大青少年如果发现自己有上网成瘾的倾向，可以让父母或同学对自己进行督促，并且要积极地配合他们的“监督”工作，以便自己早日摆脱网络的困惑。要让自己生活在一个良好的空间当中，要加强自己对外沟通和交流能力。将自己的想法，说给父母或同学、老师听，听听他们的想法，让他们为自己提供宝贵的建议，不要一味地逃避或逼迫自己的。

3. 转移自己的注意力

一个人如果遇到挫折，感到苦闷、烦恼，情绪处于低潮时，就暂时抛开眼前的麻烦不要再去想引起苦闷、烦恼的事，把注意力转移到较感兴趣的活动和话题中去。试着用美好回忆来冲淡或忘却烦恼，从而把消极情绪转化为积极情绪。当自己总是控制不了想上网时，可以有意识地转移注意焦点，想一些其他比较感兴趣的事，也可以跟同学或朋友出去逛街、看电影、聊天、看书等。

4. 学会自我调节

具有消极心理的青少年可以拿出两张白纸，张写出自己能够成功的理由，另一张写出失败的教训，然后把两者做个对比，把失败的理由逐个予以否定，比如“粗心大意”，可以修正为“我上次考试成绩那么好，这说明只要我认真对待，今后还是可以取得好成绩的。”青少年要不断地去挖掘自己成功的理由，并加以肯定。这样在自我调节中就会慢慢地从消极心理中走出来，还会拥有更多的自信和勇气。

青春日记

青少年朋友们，在网络中，人际交往是通过人际对话来实现的；与现实生活中的人际交往相比，网络中的交往掩盖了许多丰富的内容。即使是眼神、微笑、手势、语调等非语言符号，也存在着情感深层交流能源不足的缺陷。因而，长期在网上交流，会使人逐渐失去对现实生活的感受力和紧张感，这时，孤僻和冷漠则乘虚而入，从而害怕也不愿与周围的人交往。这种孤独感进而让青少年更加依恋网络，一旦离开则无所适从、烦躁不安，整个人呈现出电脑化、网络化的状态，易产生人际情感淡漠、社会适应能力降低等现象，进而渐渐走向个人的孤独世界，甚至引发严重的后果。

网络损害你的健康

当前，网吧的利弊，一直是一个热门的话题。21世纪是一个充满竞争的信息时代。互联网以其丰富的内容、开阔的眼界、快捷的方式，呈现给了人们一个美丽而精彩的崭新世界。然而，作为当代高科技产物，网络却冲击着青少年的学习，影响着青少年的生活，它不仅摧残着青少年那青春活力的身体，还摧残着你们年轻活泼的心灵，影响了你们的学业，败坏了青少年良好的道德观念。更是促使青少年们犯罪的首要心灵毒药。

§ 不要做网虫

青少年朋友们，“网络成瘾症”即“互联网成瘾综合征”，英文简称为AID。基本症状是上网时间失控，欲罢不能，可以不吃饭不睡觉，但是不能不上网。患者即使意识到问题的严重性，也仍无法自控。常表现为情绪低落、头昏眼花、双手颤抖、疲乏无力、食欲不振等。有的青少年因陷得太深而不能自拔，最终走上自杀的道路。

专家研究发现，网瘾患者由于上网时间过长，会影响大脑发育。还会诱发心血管疾病、胃肠神经官能症、紧张性头疼、焦虑、忧郁等，甚至可能导致死亡。此外，如果长期沉迷于网络，会产生自闭倾向，暴力倾向，容易诱发未成年人的冲动，据调查，因玩电子游戏性情变暴躁的青少年占27%，玩游戏与校园暴力有关的占29%，除此之外，网络成瘾还会威胁青少年的人生观、价值观和世界观的形成。

刚强从小就是一个听话的男孩子。小学学习很好，成绩优秀，考上了一所重点中学。小学期间也间断上网，时间很短。因考上了重点，刚强要求买一台电脑作为奖励，所以父母给他买了一台。当时正在暑假期间，刚强上网时间逐渐增加，甚至忘了吃饭，暑假的大部分时间都在玩网络游戏。开学以后，这种情况并没有减少，已经严重影响学习。父母加以阻止，并要求他减少上网时间。刚开始一周还能坚持，但是没有坚持多久就又故态重演，甚至作业也不能按时完成。由于刚强上网时间过长，父亲强硬制止，他异常不满，以摔东西、绝食来抗议，最终以父母妥协而告终。他因此以后上网时间更长了，父母的阻止丝毫不起作用，甚至发展到父亲阻止而引来双方动手。

青少年朋友们，刚强的事例在生活当中不在少数，父母教养方式不当，孩子从小生活优越，想要的东西父母基本都满足，在生活中，养成了衣来伸手、饭来张口的习惯。或是父母对孩子放任自流，都会导致青少年更容易沉迷网络，从而给家庭造成极大的伤害。尤其是当父母关系紧张、家庭不和睦时，网络世界更是青少年逃避现实的好去处。

青少年朋友们，网络是一个虚幻的世界。网上信息无所不含，使人足不出户便可遨游世界。对一些心理上本来就比较脆弱的人而言，网络是安慰心灵的魔方。现在许多青少年学习负担沉重，父母、老师又对你们寄于过高期望，给你们的心理造成难以承受的压力。而虚拟的网络世界给了你们一个暂时解脱、忘却现实、宣泄情绪的机会，所以，你们在虚拟的网络世界里能寻觅到“称心如意”的伙伴与朋友，能表达自己在家长、老师面前难以吐露的心曲。

青少年朋友们，不要做网虫，不要迷恋于网络。沉迷于网络只能让自己的人生更加的灰暗与阴郁，如果上面的例了能够让你们纯洁的灵魂得到启发，那么，你们的明天还是一片光明与灿烂！

§ 走出网络的迷途

青少年时期，是个对世界充满好奇与探索的年龄，网络上的一切新鲜东西，都具有很大的吸引力，这就要求青少年必须有足够的自制力，从而抵制网络中那些不好的信息。

1. 调整好心态

青少年迷恋网吧的原因有很多，有的是出于好奇，有的是出于娱乐、消磨时间，有的是心理压力过大，来此寻找心理释放。无论是于哪一种原因，总结起来都是心理问题。部分青少年认为学习乏味枯燥，情绪浮躁，有此类状况实属正常，但他们却都用网络来作为解开自己心灵的钥匙。所以，青少年应该掌握一定的情绪调理方法，如运动或是找人倾诉，与家长和老师沟通，都能很好地调整心态。

2. 三管齐下，共同教育

孩子是祖国的未来，如果因一时的疏忽而影响了孩子的前途将是巨大的损失。家长要更多地担起孩子教育的责任，要抽出时间来与孩子沟通，配合学校教育好孩子。作为学校，要从教学观念转变人手，淡化考试，减轻学生思想压力。全社会都要来关心、管理网吧问题，共同担负起教育下一代的任务。

青春日记

网吧对青少年所带来的是非，是一时无法说清的。由于部分非法网吧为青少年提供了不适合青少年浏览的内容的服务，以及由于大量的社会闲杂人士聚集在网吧，这些情况容易诱导青少年的思想走向庸俗。

下篇

摔倒了，就勇敢地站起来

第一章

爱上学习——我的未来不是梦

“……风雨中这点痛算什么，擦干泪不要怕至少我们还有梦！”

每个人都有自己的梦想，不论什么样的梦想，知识绝对是开启梦想之门的必经之路，永远保持一颗学习的心就是那把唯一的钥匙。

读书是现代人成长的必经过程，读书不仅能帮助一个人开拓前程，而且能帮助一个人成就事业。读书能使人聪明、智慧，并且能使人谦虚、自信，有耐心和机智，而这些都是未来成功必须要有的要素。日积月累的读书生活，是明天事业成功的关键。

有付出才有收获

青少年朋友们，无论多么激动人心的目标，多么完美翔实的计划，如果没有付诸行动，那至多是一个念头和一张废纸，只有行动才是走向成功的唯一途径。我们相信“天道酬勤”。勤奋学习是脚踏实地的有效行动！勤奋学习应该体现在我们生活和学习中的每一个环节，按时到校，认真听讲，积极思考，踊跃发言，及时复习，独立作业，敢于质疑，善于合作，勇于创新；摸索并掌握科学的、适合于自己的学习方法，重视每一门学科，关注社会和时代的发展，并且坚持不懈，才能给自己的终身发展奠定坚实的基础，创造成功的机会。

§一份付出，一份收获

青少年朋友们，人生道路的两旁，泪水在左，欢笑在右，只有我们付出了，才能收获生命的鲜花。走过生命的四季，也许我们经历了泪水的洗礼，见证了欢笑的时刻，欣赏着朝阳的升起，凝视着花蕊的绽放。人生途中，我们收获生命之神不尽的惠赠。一路走来，因为收获，我们不曾寒冷，我们也从未孤独。

人活一世，只有通过不断地成长和学习，才能够累积经验和智慧，解决问题，克服困难和挑战。青少年朋友们，能不断成长和学习的人才有自信心，自我认同才会完整，心理方能健康平衡。当然，在更高层的精神生活和悟性上，唯有透过学习和成长，才可以获得清醒的觉察和领悟，才能得到一份意想不到的厚礼！

一份付出，一份收获，付出与所得永远是成正比的。只要我们肯努力去学习，善于运用自己的挫折来激励自己，那么我们的学习成绩就会像纺织地毯一样，越编越大，能力也会变得越来越强。大部分青少年执着于读书和学业，只要功课表现不佳，就自以为失去人生光彩和梦想，而遗忘了自己还可以打开人生的视野。青少年朋友们，一定要当心这个陷阱，设法不被这些成见所障蔽，勇于做一位敢梦想和肯实践的人。身处逆境确实会使人吃苦，但在它的背后却隐藏着良机，我们往往可以从中学到最宝贵的成长经验。所以，我们遇到学习方面的困难时，不要灰心，打起精神继续前行！

青少年朋友们，只有付出了，才能得到收获，这是永远不变的真理。只有学习才能得"智"，然而"智"就会让我们变得聪明豁达，见多识广。对于青少年来说，关键在于踏踏实实地付出心血，然后才能尝到果实的香甜。懂得学习的重要，通晓苦尽甘来的人生哲理。学习根本就是一件苦差事，莘莘学子之所以乐此不疲，是因为学习的丰硕收获实在令人神往，有远大的理想和人生的辉煌在里边。青少年朋友们，春种秋收，有付出才有收获。播种希望就会收获未来，播种辛勤定会收获幸福。青少年就是人生的春天，一寸光阴一寸金，只要我们积蓄营养就会绽放力量，只要我们存储知识就会取得才华！

§ 只有播种，才能开花结果

青少年朋友们，我们常听一句话："春天不播种，夏天就不能生长，秋天不能收获，冬天也就不能品尝。"

在骄阳似火的夏季，可爱的蚂蚁们辛勤地工作着，每天一大早便起床，紧接着一个劲儿地工作。蟋蟀呢？一天到晚，就是"叽哩叽哩""叽叽哩哩"地唱着歌，游手好闲，养尊处优地过日子。每个地方都有吃的东西，正是漫山遍野花朵盛开的季节，真是一个快乐的夏天啊。蟋蟀对蚂蚁的工作感到非常奇怪，它就想："蚂蚁为什么这么忙碌呢？这么好的天气不知道歇息一下，它是不是有病啊？"

随着时间的转变，很快炎热的夏天结束了，秋天终究过去，寒冷的冬天不假思索地到来。北风呼呼地吹着，天上飘起了绵绵的雪花，漫天飞舞，丝毫没有停下来的意思。蚂蚁依然快乐地享受着丰盛的食物，欣赏着冬日的美景。而蟋蟀却因为夏天没有储备食物而凄惨地饿死了。

青少年朋友们，从这则故事当中，我们得到了启发。一份耕耘一份收获，只有付出努力，才能不断取得进步。是啊，只有在春天播种，秋天才能有收获，冬天才能享用胜利的果实。学习也一样，只有付出，才有收获！

生活不欢迎像蟋蟀一样的人。如果像蟋蟀一样只图享乐，不懂得勤奋，哪怕再聪明也不可能取得好成绩。就像一些同学考试一样，总认为离期末还早，眼下正是玩的好时候，到时候再抱佛脚复习也不迟。可老师测试之后，才发现自己不懂的东西很多，而且因为考试成绩不好，影响了学习的信心和兴趣，也因为基础没打好，接下来的学习更吃力。这说明了学习知识来不得半点虚假。只有像蚂蚁一样，在春天就开始辛勤工作，冬天才能无忧无虑地享受生活的乐趣！

青少年朋友们，人生也如此，春天乃至于夏天就是我们的现在，我们只有在年轻时代抓紧时间勤奋学习，做好知识和财富等的积累，到了老年才能过得更好。当我们再回忆过去时，不因虚度年华而悔恨，这才是健康而又充实的人生！一路走来，我们收获成功，收获失败，收获人生的大智与无穷的喜悦！

青春日记

卡莱尔曾说："天才就是无止境刻苦勤奋的能力。"因为只有肯付出，才能实现自己的目标，收获的时候才会有让你满意的成果。如果说，成功是一棵常青树，那么浇灌它的必定是辛勤的汗水；如果说，成功是一株不败的鲜花，那么照耀它的必定是心中默默无闻的太阳。是的，成功绝非偶然，成功的背后总有成功者默默无闻的努力！

阅读在为自己淘金

喜欢阅读的人，往往会很容易从书中寻找到属于自己的快乐，感受到书中的喜怒哀乐，与主人公做心与心的交流，从而寻找到人生的真谛和做人的哲理，徜徉在知识的海洋中心花怒放。因为阅读是自由的，个性化的私人化的空间，它可以容纳我们的心灵。阅读是亲历文字魅力之后的玩味、赏析、思考、超越。通过阅读，我们不仅会拥有丰富的想象力，更会激发出我们自身无穷的创造力。

§ 阅读使人生之路更广阔

青少年朋友们，人生之路是坎坷曲折的，我们可以通过阅读来激励自己前进的步伐。同时，阅读也是为了让我们的生活更加体面高贵、睿智豁达、优雅美丽。通过阅读，可以使我们的人生因之而改变。阅读不能改变人生的长度，但它可以改变人生的宽度。阅读可以让我们的生命在有限的长度内，宽广辽远，波澜壮阔，奔腾汹涌，浩荡激越。阅读不能改变人生的物相，但它可以改变人生的气象。外在的相貌和物质的构成基于遗传而无法改变，但人的精神可以因阅读而蓬勃葱茏气象万千。阅读不能改变人生的起点，但它可以改变人生的终点。阅读让人生永不听任命运的摆布，把握自己，执着地走向梦想的极地。不论我们的出身是高贵抑或卑贱，阅读完全可以使我们的人生坐标因之而改变，奏响人生的美丽乐章！

青少年朋友们，阅读是铺就幸福人生的碎石块，每一块碎石上面都载着一个幸福的故事。缜密的逻辑，深奥的思想，崇高的境界，伟大的灵魂，环拥在我们周围。我们可视通四海，思接千古，与智者交谈，与伟人对话。做一个读书人，就是做一个幸福的人。阅读使文字具有了永恒的价值，它比图像更空灵，比记忆更清晰，比冥想更深邃。它让我们可以站在巨人的肩膀之上，凌驾于伟人的思考之上。阅读是步人社会化的重要途径，我们可以通过阅读成功地从自然人转化为一名社会人。而我们所认识的世界、人生、社会，无一例外，大多都是源于阅读的缘故。

青少年朋友们，阅读的重大意义还在于它在超越世俗生活的层面上，能够为我们建立起一个完全属于精神生活的世界。一个人的阅读史，便是他的心灵发育史。阅读使人超越动物性，不致沦为活动木偶，行尸走肉。停止阅读就意味着切断了与世界的沟通，与心灵的沟通，人生也就进入了死循环。可以说，是阅读拯救了我们。要活着，就必须阅读，它是我们摆脱困难的支柱。但是，这样令人心驰神往的阅读并不是我们与生俱来就具有的本能。我们必须通过不断地学习，通过不断地阅读，才可抵达阅读的自由王国。

§ 人生真谛在于阅读

作为青少年，应珍惜生命中的每分每秒，博览群书，开阔视野，广泛阅读。读文学名著，读散文经典，读人物传记，读通俗哲学，读科学作品，读寓言童话，读历史读物，读政治社会’等等，都应该涉人。博览群书的人，才可能成长为学识渊博、思想锐利的人。就如一位名人所说：一本书像一艘船，带领我们从狭隘的地方，驶向生活的无限广阔的海洋。

人生的真谛蕴藏在阅读和生活之中，能不能发现它就看你是不是一个有心人了。落魄者在我们的实际生活中比比皆是，只有当所有人都真正了解什么是生活，什么是人生时，整个社会才会从此变得完美起来。蓝天有无尽的湛蓝，白云有无限的缥缈，小鸟有无边的自由，它们在天空中交织成一幅完美的画卷，彰显着各自的魅力。通过阅读，我们可以发现，我们所要追求的人生境界有三个：等待、创造和超越。

首先，人生有时相对来说也是漫长的，等待是一种充满希望的心态。等待不是停滞不前，而是养精蓄锐；等待不是徘徊不定，而是伺候时机；等待不是无所事事，而是张弓搭箭。这一切的一切，都是为了有朝一日的一鸣惊人，都是为了花开一瞬间的绚丽。

其次，在等待的花苞出来之后，接下来需要做的就是通过创造来促使它成功开放。创造不单单是单纯的发明创造，更是对自身的价值的创造。无论你多么卑微，一旦你实现了自身的价值，你可能会比太阳还伟大。正如克里姆林宫的一位清洁工说："我认为我与普京同样重要。因为普京在打扫俄罗斯的天下，而我在为普京打扫天下。"由此可知，人生的真正价值是体现在不断的创造以及自身的实现过程中。

最后，有了花苞和绽放，接下来便是迎接超越性的盛开时刻。想要摘取成功之果，需要不懈地奋斗和超越。哥伦布不满足于印制的地图寻找到美洲大陆，伽利略不满足于眼见的星空，制造出天文望远镜；爱迪生不满足于烛灯的微光，发明了白炽灯……人生便是在不断地超越自我中得以进步。青少年朋友，我们每个人都是一座山，然而世界上最高的山就是我们自己。每向前跨出一小步，就是一次成功。越过自己能力的极限，哪怕只是一小步。只要我们不断积累这一小步，同时不断超越这积累的一小步，不断挑战自我，总有一天我们会抵达别人所无法企及的高度！

青春日记

在书的海洋世界里，去体验书香的、诗意的生活，让心灵远离喧嚣，远离浮华，在自然的静谧中寻得内心中最渴望的那份平静，在不断地求索中拾回那最真最善的美。当你真的发现自己的生活与阅读如此接近，如同大自然般简朴，如同大自然般真诚，那你必将随着这份美，得以永恒……

学习是生存的保险

青少年朋友们，现代社会已经进入了“学习化社会”，想要很好地生存下去，就必须具有一定的学习能力。联合国教科文组织提出了一个在“学习化社会”生存的口号——“学会学习”。是否能够主动学习、利用已有信息学习，如今已成为一个人在社会上生存能力的重要组成部分。“终身教育”的概念也已经被大多数人所接受。学习能力的强弱已经成为我们是否能够在社会上有效生存下去的必备能力。

§只有学习，才能改变人生

青少年朋友们，只有学习，才能改变我们的命运，才能实现我们的人生价值！然而我们在学习的过程中，一定要有强烈的危机感、紧迫感和使命感，不能稀里糊涂地去学。学习是形势所迫的观念、学习是终身学习的观念、学习是一种责任的观念、学习是今后工作的观念、学习是第一需要的观念。在人生的天空里，有阴天，有雨天，我们应该怎样改变这种天气？青少年朋友们，只有学习才能改变这种阴雨的天气，因为学习可以支撑我们的意志；可以激励我们奋斗的思想！

青少年朋友们，在学习的过程中，我们一定要学会正确学习知识的科学方法，这样才能有效地提高学习效益，提高学习能力必须改进方法。要以求真务实的态度对待学习，应当在理论的实际运用上下功夫，用所学的理论改造自己的主观世界、解决实际问题，使其成为改造主观世界的强大力量。将学习作为一项经常性的任务，着眼于新的实践和新的发展，把理论与实践有机地结合起来，使学习成为一种常态、一种自觉行为。这样才能在思想上不断有新解放、学习上不断有新发展、实践上不断有创新。在学习时要不断深化所学知识，在学习的同时提高自身素质，从而做到学以致用。

青少年朋友们，如果说我们是高空中展翅飞翔的雄鹰，那么则需要通过不断的学习，为自己助长破空的雄风，才能翱翔在蔚蓝的天宇；如果说我们是在大海中游动的小鱼，那么则需要通过不断的学习，为自己增添破浪的勇气，才能畅游在碧澄的海底。在不断的学习中成长。在这股凛凛雄风的驱动下，于险恶的暗礁中扬帆，在汹涌的怒涛中远航。我们每个人，都在学习中不断地成长，在不停地汲取和效仿之中，将生命打磨得晶莹剔透！

§学会学习是生存的技能

青少年朋友们，只有学会了如何学习，才能很好地在社会上生存下去。由于现在大多工作岗位都离不开电脑和外语，因此，我们平时对这两科都学得很认真。然而，很多人走上工作岗位以后，却什么都不会。为了在以后的人生路上不出现这种尴尬的情形，我们一定要学会如何去学习。

对于未来的事情，任何人都无法真正想象得到。因为我们毕竟只是一名普通的学生，还未走出校门，对于外界社会自然不会知晓那么多。但这并不能成为我们为自己开脱的理由。不妨认真想想，自己在学习时，是不是确实得到了其中的要领。

通常情况下，我们常常把读书简单地理解为死搬硬套地学习知识，把分数高低作为衡量自己学习好坏的唯一标准。殊不知，学习的根本目的，并不在于懂得了这些知识，而是要掌握其中的智能，分数的高低并不是最重要的。关键在于是否真正学会了，理解了，这些知识是否能够成为今后有效生存下去的能力，是否能够在未来的实际工作上派上用场。

青少年朋友们，仅仅把学到的知识和技能转化为以后工作的能力是远远不够的。因为社会在进步，科技在发展。环顾当今世界，知识经济已出现端倪。在学习过程中，随着知识的积累，量变引起质变，新的知识或更为先进的思想要取替陈旧的知识和思想，就是“为道日损”，面对知识爆炸的今天，我们如何去学习？如果不能正确地选择学习内容，恐怕就会被信息的海洋淹没。可以说，我们已经进入了一个学习化的社会。我们以后会在学习和工作之间不断交错、不断结合的过程中度过。因此，我们必须在学生时代就培养起自己较强的学习能力。

学会学习，平时就要善于去总结关于学习的方法。有些青少年不懂得如何结合自己的学习实际，做好预习、复习，提高课堂学习的效果。在学习中，不懂得手脑并用，只知道一味地把注意力放在课堂上，而不注重动手操作、实践等体验性学习。要知道“我们会掌握阅读内容的10%，听到内容的15%，但亲身经历内容的80%”。“热情＋远见＋行动是成功的等式。”如果我们今天没有生存在未来，那么，明天我们很可能会生活在过去。青少年朋友们，只有学会学习，才能拿到走上社会后畅通无阻的“个人护照”！

青春日记

善于学习，才能在学习中增长人生的成长智慧。每经一事，就能增长一智，甚至更多；每次遭遇都会带来心得和见识，所以见多识广，能力好，经验丰富。于是，自我能力便会很强，适应生活的能力也高。而那些不肯学习和成长的人，则会出现偏差行为和适应困难等不良症状。

学习是人生攀山的阶梯

现代社会，竞争日趋激烈，知识的更新速度更是不断加快。科技发展日新月异的今天，学习便显得尤其重要。只有通过学习，我们的人生才会得到不断地完善，很好地在这个世界上占有一席之地，才能做一个生活中的强者！

§学习是成功的必经之路

青少年朋友们，人生因学习而变得生动有趣，我们每个人的一生其实就是学习的一生，我们生命中所遇到的人和事，所得到的经验都是一笔财富。只是有的主动学习，有的被动学习，这也正是先进与落后最直观的体现与最根本的原因。不凡之士与庸常之辈的最大区别，并不在于他的天赋和付出，而在于他是否拥有明确的人生目标，只有勇于挑战人生，才能拥有成功的希望。在人生的竞技场上落败的原因，不是缺少信心、能力、智力，只是没有明确的目标或选准目标，且又缺乏坚强的斗志，只有把注意力凝聚在目标上，才能取得可人的成绩，才能为日后的成功奠定坚实的基础。

对于一个缺乏知识的人，无论如何也是成不了强者的。学习是我们成功的资本，这是因为无学将无以致用，所以要做一个以知为本的人。在人的一生中，绝不会顺利地走向巅峰，遭遇挫折和失败在所难免，学习和改变的速度快慢，是在这个无情竞争、友情服务的社会中成败之关键。在知识经济时代，没有知识的人越来越寸步难行了，其实没有知识并不可怕，最可怕的是你没有学习意识，最可悲无望的人就是那些贫困没有知识且没有学习意识的人。所有的经济力量莫不依赖于知识，产生于知识，市场竞争由产品竞争发展到知识竞争。我们只有不断学习，拥有深厚的知识，才能够成为未来社会主义建设的接班人。

青少年朋友们，我们要深记：心中有远大的人生目标，却不愿意为此而努力学习，注定是一种悲哀。目标好像靶子，必须在我们的有效射程之内才有意义，如果目标偏离实际，反而于事无益。我们必须要为目标付出努力，如果自己只空怀大志，而不愿为理想的实现付出辛勤的劳动，那“理想”永远是空中楼阁。只有把目标和行动有机地结合起来，才有可能拥抱成功，目标和行动是改变人生的砝码。一个人不管做什么事，具有什么条件，身处什么样的环境，只要专心致志，勤奋刻苦，好学多问，坚持不懈，脚踏实地一步一步地走下去，自然会越来越接近成功的那一天！

§ 梦想是学习的动力

青少年朋友们，我们是新时代的希望，生活在未来和现实之中，难免会经历彷徨，但只要奋斗了，就一定会将梦想成功放飞。正因为有了梦想我们才不会在生命的旅途中迷失方向，从而矢志不渝地坚守着人生的信条。无梦使一生贫困潦倒，无志则使一生贫贱低劣。带着梦想行走的人一生充实饱满，无梦的人只是生命途中的一具行尸走肉。追梦中我们汲取经验，开阔视野，锻炼能力；梦圆时，我们便可尽情地放声高歌。梦想，会使我们感受到实实在在地存活在这个世上。

梦想与现实之间遥远的距离，有时可能会让我们想到退却，有时甚至会让我们感到绝望。正因为有了这些坎坷与无奈，我们才会更好地珍惜梦途中的成果。而坚持学习则是实现梦想最现实、最有效的方法。布伦克特用行动给我们证实了一个真理：“如果谁能把三岁时想当总统的愿望保持 50 年，那么 50 年以后，他就是总统了。”

人生最大的失败便是因绝望而陷入万丈深渊，最大的胜利则是管理好了自己的梦，使梦想成真。结局中，或许我们并没有达到预期的成就，但是我们为之追求过，努力过，奋斗过；为它哭过，笑过，痛过。即使失败了，我们也可以扬起头问心无愧地说："我不后悔，因为我努力了！"滔滔历史长河，湮没了无数的英雄伟绩，只有那坚定的信念在心间熠熠生辉。努力了，便不会后悔，奋斗了便再也没有遗憾存在。只要我们为了人生之梦而努力学习了，只要我们做到了人生无悔，那么就已经收获了胜利。

青少年朋友们，世间万物都需要甘霖进行滋润，梦想需要我们用理智去呵护，用知识去灌注，用行动去支撑。我们不能不顾现实的制约去追求虚无缥缈的梦境，也不能盲目把眼前的一点小利益当成自己伟大的梦想去追求。脚踏实地，让我们从现实的角度出发，从自身的优势出发，用睿智的眼光正视未来的梦，既不轻言放弃，让梦想随风而逝；也不沉溺于其中，让梦想奴役了自己的灵魂。我们既要做梦想的追求者，在梦想的指引下不断地奋斗，也要努力去做梦想的主人，使它成为我们成就未来的指路明灯！

青春日记

通过学习，可以使我们养成良好的心态和信心。要知道，人生的失败并不是败给了谁，而是败给了悲观的自己，做任何事情都要有个良好的心态和信心，只有学习才能培养良好的信心。一个缺乏自信的人，是注定一事无成的，唯有自信使不可能成为可能，使可能成为现实，缺乏自信的人往往会使可能也变得不可能，对于不相信自己的人，永远都不可能做得了将军！

相信知识改变命运

青少年朋友们，冥冥之中，是什么主宰着我们的命运？我们要怎样才能改变自己的命运呢？著名导演张艺谋就回答了这个问题："无论是名扬全球的科学家，艺术家，或是一个普通百姓，都是知识改变了他们一生的命运。"

§知识改变命运，学习成就未来

三国时期，诸葛亮羽扇纶巾，上知天文，下知地理，运筹帷幄，决胜千里，这力量就来自知识；一代伟人毛泽东博览群书，海纳百川，领导全国人民改变了中国的命运，用知识谱写出了光辉的篇章；是知识，让高尔基扼住了命运的咽喉；是知识，让爱迪生从贫民窟走入了曼哈顿；是知识，让轮椅上的霍金成为全世界的骄傲！

青少年朋友们，知识改变命运，学习成就未来。据说，犹太人父母在他们的孩子出生时就在书本上滴上蜂蜜，让孩子吃，为的就是告诉孩子们，看书就跟吃蜂蜜一样甜。所以犹太人特别爱看书，曾经有人统计过，平均每个犹太人一年要看三百多本书，他们从书中积累了很多丰富的知识。世界公认，犹太民族是世界上最有创造力的民族。可见，知识是获得光明的最好电器！

青少年朋友们，当今社会最注重什么？人才！因为人才是促进社会发展的动力，只有掌握了足够的知识，才能成为人才，成为对社会有用的人，反之，我们就很难被社会认可，终将被社会所淘汰。一个有知识的人能改变自己的命运，一群有知识的人能改变国家的命运！所以，知识就是力量！

青少年朋友们，知识的海洋是无边无际的，它对于一个人、一个团体、一个民族是多么的重要。知识是我们精神的需要，知识是无穷无尽的，在我们不断汲取知识营养的同时，知识已经化为了一股力量，让我们无往不胜！

世界知名的海伦·凯勒如果没有那不屈的斗志和顽强的精神，不断地进行学习，那么她将永远活在自我封闭的世界里。然而，她用知识充实自己，挑战自己，最终摆脱了命运的枷锁。青少年朋友们，知识从来不属于懒惰的人，只有学习，我们的生命之树才能开花结果，只有学习，我们的人生理想才能得以实现；只有学习，我们才会创造崭新的自我，让执着地追求书写无愧的人生！

青少年朋友们，鲜花和掌声从来不会赐予好逸恶劳者，而只会馈赠给那些风雨兼程的前行者；空谈和散漫绝不会让我们美梦成真，只会留下“白了少年头，空悲切”的慨叹；只有学习知识才能到达成功的彼岸！

§跨过知识的海洋，造就精彩人生

青少年朋友们，知识是石，能敲出生命之火；知识是火，能点燃命运之灯；知识是灯，能照亮命运之路；知识是路，能引我们走向灿烂的明天！那么，今天的我们应该赶紧行动起来，抓紧时间学习，用知识创造全新的自己，用知识创造美好的未来！

知识是取之不尽的能源。人只有勤奋学习，再去实践，才能获取知识，才能改变我们一生的命运。杨澜就是因为勤奋读书，努力实践，从而改变了她一生的命运。

杨澜，生于北京，她毕业于北京外国语学院。在杨澜小时候上学时，每次考试的基础分一分也没丢过。在中央电视台的招考中，她从一千名候选人中脱颖而出，成为《正大综艺》节目主持人，一举夺得金话筒奖。之后，杨澜又到美国哥伦比亚大学留学深造，并取得硕士学位。

她常说："是知识改变了我一生的命运。"

青少年朋友们，在大街上流浪的乞丐，他的命运永远是贫困，只能靠别人的施舍度日，因为他没有知识，没有文化。人必须有文化，才能改变自己的命运。所以，我们从小就要好好学习，争取分分秒秒的时间，不要虚度光阴，把知识学扎实，掌握好服务社会的本领，长大后才能实现自己的伟大目标。

青少年朋友们，好书，就好比是推开一扇美好的窗，让我们的思想更宽阔，思路更明朗！

莎士比亚曾经说过："书是人类进步的阶梯。"的确，当今人类社会的迅猛发展与书的贡献是密不可分的。一句格言就像波涛中的灯塔，为海上的航船指引着前进的方向；一篇美文就像初春的微风，吹开寂寞者紧掩的心扉；一本好书就像沙漠中的一泓清泉，为濒死的人送去生的希望！

青春日记

青少年朋友们，知识是照亮命运之途的灯，引领我们走向灿烂的明天。知识在整个人类的发展史中一直扮演着重要的角色，任何人都不会忽略学习知识的重要性。中国有句古话：一个人如果想出人头地、成就大业，必须具备五个条件，就是“一命、二运、三风水、四积阴德、五读书”，可见，我们的祖先老早就认识到了学习的重要性，具备了知识改变命运的观念。

优胜劣汰，适者生存

青少年朋友们，适者生存就是要努力地改变自己，使自己能够适应任何一个生存环境的变化，做驾驭生存环境的人，而不是被生存环境奴役的人。“优胜劣汰，适者生存”，要想使自己生存下来，那么你就必须让自己具有学习的能力，只有具备这种能力，才能在自己的事业上成就辉煌。

§做到力争上游

青少年朋友们，伟大的科学家牛顿在谈到自己所取得的成就时说：“如果说我比其他人看得远些，那就是学习的汗水让我站在巨人的肩膀上。”其实，不只是牛顿，我们每个人不都是站在巨人的肩膀上吗？为什么有些人成功了，而有些人被淘汰了呢？就是因为你平时没有注意到，只有不断地学习才能使你站在成功的圣殿上，因为你懂得积累知识。成功是知识的结晶，知识就是你成功的力量！

一个成功人士能取得骄人的成就，你知道在他们背后有着多少磨难与艰辛吗？他们就是通过不断努力地学习，才创造出自己理想的事业。青少年朋友们，创业之路是万分艰难的，可是只要有自己的梦想与目标，再加上自己的恒心，终会达到自己的目的，也会在这个社会上有一个立足之地，否则，将会被这个社会淘汰。

其实，我们每个人来到这个世界都是来享受的，享受成功的喜悦。如果生活就是苦难的，那我们活着是为什么呢？现在的你无论是何等卑微与低下，都应该尽一生最大的努力去学习，然后寻求幸福，寻求成功，否则我们的生活就变得枯燥无味了，在这个寻求的过程中，付出是有必要的，优胜劣汰自古以来就是真理。如果你想成功，就一定要比别人优秀，只有这样，才能去享受成功的喜悦，否则，被这个社会淘汰可能会比死亡更让人难受。

现代社会的很多青少年，他们经常有着狂热的激情，但他们毅力不足，嘴巴上说一些不切合实际的话也不愿付诸行动，受到了一些挫折就悲观厌世，最后堕落了。在这个社会上，困难与挫折在所难免，如果故意逃避这个现实，是弱者的表现。面对繁闹的社会，复杂的人际关系，事业的失败，人情的冷漠……这些我们总会痛心、难过，我们应该学会坚强勇敢地去面对。只有一个适应环境的人才会在这个社会上生存下去，我们要不断地充实自己，不断地学习，不断地在困境中前进，才会有一个生存之地，才能成功。青少年朋友们，我们要为美好的人生奋斗，不能停滞不前，要适应环境，勇于摆脱逆境，只有这样才称得上一个强者！

§只有学习才有资本

古希腊的一位哲人曾说过：人不能两次踏进同一条河流。意思是，宇宙万物无时不在变化，世界上不会重复出现完全相同的事物，当然也就没有处理问题一成不变的方法。特别是随着全球经济日新月异、市场竞争的千变万化、新生事物的层出不穷，在21世纪各种已有的知识都在快速地“折旧”，如果没有新知识的补充和积累，任何高明的经营者都会落伍，而没有学习能力的人必将被无情地淘汰。

青少年朋友们，我们必须把不断学习、不断创新视为乐趣与习惯，并成功地把知识不断更新并运用到生活中来。事实证明，只有善于学习才是成功的根本动力。因此，我们必须不断学习认识世界与改造自我的方法。你要想成功，就要不断努力去学习，去奋斗，只有这样，我们才能成为一个有资本的人！

学习是真正的成功之母，只有学习才是迈向成功的通行证。有人曾这样说过：“善于从书本上、实践中、别人身上，特别是从自身学习的人，将来必定是成功者。”反之，不主动学习、及时充电的人，必将失去能量，被时代遗弃。

青少年朋友们，在成长和成熟的过程中，我们会遇到各种各样的挑战，只要我们不断地思考、不断地行动，我们一定可以取得胜利。一个人如果善于学习，那么就可以在无形中调整自己的思维模式；因为人是一个思考的动物，会随着每次的思考逐步提升自己内在的思维模式。只有通过大量学习，你才会有一个好的思维模式，从而不断驱使自己逐步发展成功思维，让自己在学习中养成成功的思考习惯，逐步提高直至迈向成功。

一个人要想走向成功，就必须通过学习来实现。可以说，唯有学习才可以磨炼自己的忍耐力，才能迎接一切，才能迈向成功。

青春日记

很多时候，成功的实质并不是如何战胜别人，而是怎样战胜自己。你不可能也不可以去阻止别人的进步，你唯一能够做的就是改变自己。那么，改变自己最有效的途径就是学习。“欲胜人者必先自胜”。只有战胜自己的人，才是最伟大的胜利者、成功者。

拒绝拖延，今日事今日毕

青少年朋友们，古人曰：今日事，今日毕。可见，古人是多么注重今日的事情今日完成。可是现在，在我们的生活中，有些学生在学习时总是拖拖拉拉，今日要完成的任务总是拖到明天去做，甚至拖到后天。有些人就因今天遇到了一些挫折，就闷闷不乐的，把所有的事情都拖延到明天去做。实事告诉我们：只有经受住了严峻的考验，只有好好把握今天，并且对自己充满信心，才能走向成功。

§ 今日不待明日

青少年朋友们，李大钊曾说过：“你能够把握的就是今天”。昨天已成了历史，明天的日子尚不确实。只有今日，才是属于我们自己的。昨日的不足，今日尚可弥补；明日的目标，今日也可谋划。一句“姑云此日足可惜，吾辈更应惜秒阴”，更进一步告诫大家：赶快行动起来，分秒必争更重要。

可是，不知从何时起，我们总是想把今天的事情拖到明天乃至后天、后后天去完成。殊不知今日有今日事，明日又有明日事，又怎能事事都拖至明日，所以最好的解决办法就是，切记《明日歌》今日事今日毕。

现在，越来越多的青少年，都有一个共同"惰性"的坏习惯，习惯总把今天的学习任务拖到明天去做，甚至后天，或者干脆忘记。一直这样下去，最后的结果只能是荒废时间，一无所得。

张海迪在五岁的时候患了脊髓病，从此，无论做什么事情她都只能在轮椅上进行。不久，她做了一次手术，手术后她只能一动不动躺在床上，可她仍然刻苦学习知识，她从镜子里面看书。就这样，她自学了小学、中学的课本，后来又开始自学英语。她对自己要求严格，因此进步很快，渐渐地，她开始替有关部门翻译英语资料。有一次，她翻译了《海边诊所》。当张海迪捧着厚厚的翻译稿来到出版社时，老编辑被她深深地感动了。

张海迪给自己立下一个规定：每天背熟10个单词，如果背不全，就狠狠地咬几下自己的手指。

青少年朋友们，她知道今日事今日做，珍惜今天的分分秒秒，就要从现在做起。有句话说得好，"昨天是神话与传说，明天是文学与艺术，唯独今天是金子"，只有好好地抓住今天，才可以更好地去为明天奋斗。

在我们每个人的一生中，都有着无数次的毫无结果的等待。可是，等待之后留下的又是什么呢？仍是一片空虚和毫无意义的等待。在生命之中，最好的时态就是现在进行时，最好的时光就是现在，是正在进行之中，正被我们拥有的今天。只有今天才是丰富而真实的，鲜艳而美丽的，如果我们都能见缝插针地好好利用那些属于等待的时间，找点事情做做，肯定会有意想不到的收获，并且等于延长了生命。在忙碌的日子里，我们应该懂得如何去珍惜——珍惜每一颗金子般的今天。

§努力做好今天

著名的歌星刘德华曾这样说：对于未来，我设计不到，每一天都有不同的变化，我喜欢每一天都是一个新的开始，每一天都努力做好今天的事，那10年后，一定会是另一个美好的新明天。他的话给了我们很大的启示：脚踏实地地做好今天的人和事，那么明天一定会是美好的！不错，做好了今天，才可以成就明天。

青少年朋友们，在人的一生中，能有多少个"今天"呢？也许有人会想今天完不成了，还有明天；这次考不好了，还有下次；这次比赛输了，还有下次……可是，你们想过吗？人的时间里有多少个“明天”，有多少个“下次”？为什么不努力做好今天的事情，不努力考好，给自己留下遗憾呢？你们想过吗？只有做好了今天，才有勇气去成就明天，去成就未来！

人的一生，是由许许多多的昨天、今天与明天构成的。正因为有了它们才让我们有了那美好的回忆，有了努力奋斗的动力，有了对未来的展望。这点点滴滴，就把我们的人生谱写成一页页七彩的篇章。

因此，我们要学会珍惜学习的时间；珍惜朋友间的一句问候；珍惜每一个甜蜜的笑容；珍惜老师写下的每个粉笔字；珍惜每一个善意的眼神；珍惜每一分每一秒；珍惜指尖敲击键盘的每一下；珍惜每一次心跳和害羞；珍惜每一个笑声；甚至珍惜每一滴泪水。有了珍惜之心何来计较得失恩怨？有了珍惜之心何来同学间的斤斤计较？有了珍惜之心便有了长久的友谊；有了珍惜之心就少了伤害多了谅解。每个人的生活都将充满生机和活力，因为今天的一切都将不再重复！

青春日记

青少年朋友们，只有今天，才是人生赐予我们的一份礼物，我们必须好好把握，不要被过去失败的阴云笼罩，因为东升的太阳预示着我们将会拥有一个新的开始，那是机会，我们可以利用它弥补自己过去的遗憾。同样地，面对过去的成功，就不应该再沉迷在那甜蜜的梦中，因为它会使我们变得骄傲自满。所以我们更应当时时刻刻提醒自己，过去的成功并不代表一切，战胜未来的挑战才是我们新的目标。

活到老，学到老

学习是永远没有尽头的，终身学习已经成为当今时代的主旋律。觉悟的圣贤告诉我们，学海无涯，学无止境。学习乃是成为家庭快乐和个人不断进步的动力源泉。通过没有止境的学习来不断地提高自己，在学习中增长知识，在学习中健康成长。在学习的过程中，我们体会到的不会是苦涩，而是一种人生的幸福和快乐！

§学无止境

青少年朋友们，不管是哪一种成功，它的到来都不会是一朝一夕的结果。一个人、一个群体、一个民族、一个国家要成长和发展，就必须不断地学习。不懂、不会，就要去了解，就要去学习，学习就是为了以后能够更好地适应新的发展。孔子曰："学不可以已。"向我们阐述的就是这个道理。

事物总是处于不断地变化和发展中。比如遗传变异、水生动物演化为陆生动物等等。在这个过程中，适应环境才能够生存下来，不适应环境就会被自然所淘汰。人生活在社会中也是这样，从出生开始，便开始慢慢地学会走路、说话，在成长的过程中逐渐接触到各种事物，需要不断地学习很多东西，如处理日常事务、人际关系等等。有的人善于了解、学习，于是在各种环境中都能应付自如，游刃有余。有的人却故步自封，懒于了解、学习，结果遇事时总是会感到不知所措，长大后与社会格格不入，最终被社会所丢弃。

如果我们现在的学习成绩很优秀，这是不是就意味着我们可以放心休息，安于现状呢？如果有这种想法，那毫无疑问是想错了。孔子集群贤之大成，振玉声金，却仍不断地学习，若非如此，孔子是不可能从百家中脱颖而出成为儒家的创始人；相反，王安石笔下的神童仲永，被他父亲当作摇钱树而没有继续学习，最终变成"泯然众人矣"。因此，我们一定要像孔子一样，不断地学习，不断地进取，这样才能走在别人的前面，走在时代的前沿，让自己今后长久地立于不败之地！

青少年朋友们，想要学有所成，就必须让自己不断地了解，不断地学习。一个人是如此，一个民族、一个国家也是如此。秦孝公率先变法，使秦国强盛起来，"拱手而取西河之外"；赵武灵王胡服骑射，使别国不敢小觑；还有那"不飞则已，一飞冲天，不鸣则已，一鸣惊人"的楚王，正是他正视现实，励精图治，楚国才能傲视群雄！青少年朋友们，我们肩负着建设祖国的重任，祖国未来的建设和发展需要我们去掌控，因此，我们一定要不停地去学习和前进，使我们的祖国能够傲然屹立于世界名族之林！

要时刻谨记：学无止境，学习的道路是永远没有尽头的，我们一定要一直向前行进！

§用终身去学习

在漫长的历史之中，先祖为我们积累了大量的知识财富，因此我们有着永远也学不完的知识，即使到老也学不完。从自身来讲，学习是对精神的充实，在学的过程中，我们会思考，在思考的过程中，人性会得到升华。在我们短暂的一生中，需要凸显自己的价值。年轻时，学是为了理想，为了安定；中年时，学是为了补充，补充空洞的心灵；老年时，学则是一种意境，慢慢品味，自乐其中。活到老学到老，平凡的一句话，是做人的大意境。作为青少年，我们一定要将终身学习这一理念根植于心灵深处。

青少年朋友们，我们经常会听到别人说："活到老，学到老。"但我们可能根本不理解为什么会有这样的说法存在，感觉好像是一句空话似的。但仔细观察周围，就会发现，"学到老"的例子居然可以信手拈来：婴儿咿咿学语，儿童的各类趣味班，学生时代的在校学习，工作以后的在职培训，退休后的重新认识生活，各处的老年大学里更是人才济济，因为几乎所有的事情都需要不断学习，健康成长、获取知识、掌握技能、完成工作、人际交往、休息娱乐……生活中所呈现的一个个闪亮的珍珠，都是通过学习这条线而串连成了一条美丽的项链，使人生处处充满色彩。

从哲学的基本原理出发，我们在这个世界生存是一种客观现象，所有意识之外的东西都是客观的，客观事物先于人的意识而存在。意识是客观事物在人脑中的反映。当然，事物是客观的，并不代表我们在客观事物面前就无能为力，只能处于被动地位。意识对客观事物具有能动作用，正确的意识指导我们进行实践，从而改变事物的状态，为我们自身服务。也就是说，正确的实践要有正确的意识为蓝图。如何正确地反映客观事物呢？答案就是学习，通过学习，我们可以获取以前所不知道的知识，从而为自己增加更多的能力，进而为自己创造条件，今后为社会做出更多的贡献。

青少年朋友们，不管是在采取科举制的古代，还是在采用考试制的现代，有很多人都是为了成才而读书。为了出人头地而学习，相信"学海无涯苦作舟"，凭着自己不懈的努力，终究会到达自己希望的彼岸。但也有人直到生命最后一刻也只能向知识的彼岸靠拢，却到达不了。但结果并不重要，因为在实现梦想的过程中，通过学习我们已经收获了人生的无穷财富。

此外，我们可以为了兴趣而学习。因为通过有趣的学习，可以使原本枯燥乏味的人生变得充满色彩。“学海无涯”，因此需要我们学会“巧做舟”。选择学习自己的感兴趣的知识，会使我们在学习的同时品味到人生的美好！

青春日记

不管你是出于什么目的在学习，只有明白了学无止境，需要终身学习这个道理，通过知识实现梦想，通过读书来寻找乐趣，通过知识来创造未来，那么，你今后的人生将会是一片光明。

学习不要走捷径

青少年朋友们，学习之路，绝非坦途。这个世界上有太多的人梦想坐着飞机达到学习的顶峰，上帝是公平的，从来就没有人有这样的特权。经历过一些，才能懂得一些。无论学什么，一开始的学习都是没有捷径走的，只有学到一定的程度，通过总结规律，从而事半功倍。天上不会掉馅饼，只有一步一个脚印才能取得学习成效，学习贵在一个坚持，学习如果没有下功夫，那么休想取得成功。

中国古代有许多教育学习的名言，有句古话叫作“欲速则不达”。许多想抄近路走捷径、快些到达目的地的人却往往“不达”。还是做好思想准备，踏踏实实地走下去吧。没有品尝过失败的味道，又怎么能够告诫自己如何不失败；没有体会过等待的苦楚，又怎么能够感悟成功的喜悦？只有经历了才会懂得其中的乐趣。

§ 学习之人不分贵贱

古希腊的一位名人——阿基米德，他不仅是一位卓越的科学家，而且是一个很好的老师，他生前培养过许多学生，在这些学生中有一个特别的人物，就是希腊国王多禄米。

悠闲自得的多禄米，有一天忽然心血来潮想学一点什么东西。当时，阿基米德已是一位十分著名的科学家了。多禄米想了一想，决定把阿基米德请来，拜他为师，学习一点几何知识。

接到国王要召见他的命令，阿基米德不敢怠慢，急忙来到了皇宫。这里金碧辉煌，气势典雅。白玉大理石铺成的透明地板，水晶珍珠般的吊灯，雕龙刻虎的巨大梁柱，把整座宫殿装扮得格外豪华、漂亮。阿基米德一边欣赏着宫殿中的装饰，心中一边想，这些宏伟的建筑中不知凝结了多少科学家和劳动人民的智慧和心血，尤其是那些精巧、别致的设计，无不反映出建造者在数学、特别是几何学方面很高的造诣。

从这以后，阿基米德就当上了国王的私人数学教师。刚开始上几何课时，国王挺认真，似乎下了决心要学好这门课。可是，时间一长，多禄米的兴趣就逐渐往下落了，尽管阿基米德讲授的几何学内容都很浅显，但对于不爱学习的国王而言，一堂课的时间简直比一年还长，他日益显出不耐烦的情绪。

国王的情绪有很大的变化，阿基米德看到眼里，记在心中。他仍然一如既往地认真讲课。他细心而又耐心地向多禄米讲解着各种几何的图形、原理以及计算方法。可是多禄米对眼前出现的一个个三角形、正方形、菱形的图案毫无兴趣，有点昏昏欲睡了。阿基米德来到多禄米的身边，用手推推他。这位国王勉强睁开惺忪的睡眼，没等阿基米德说话，他反而先问："请问，到底有没有比你的方法简捷一些的学习几何学的方法和途径？用你这种方法实在太难学了。"

国王问话之后，阿基米德思考着，冷静地回答道："陛下，乡下有两种道路，一条是供老百姓走的乡村小道，一条是供皇家贵族走的宽阔的坦途，请问陛下走的是哪一条道路呢？"

"当然是皇家的坦途呀！"多禄米回答得十分干脆，但又感到茫然不解。

阿基米德继续说："不错，您当然是走皇家的坦途，但那是因为您是国王的缘故。可现在，您是一名学生。"

青少年朋友们，这个故事向我们提示了一个道理：追求科学知识没有捷径可走，科学知识对任何人都是一视同仁的。正如伟大的革命导师马克思所说："在科学的道路上，是没有平坦的大路可走的，只有在那崎岖小路上攀登的不畏劳苦的人们，才有希望到达光辉的顶点。"

学习对任何人都不分贵贱的，要知道，在几何学里，无论是国王还是百姓，也无论是老师还是学生，大家只能走同一条路。因为，走向学问是没有什么皇家大道的。国王多禄米也思考了阿基米德的话，总算理解了阿基米德这番话的含意，于是重新打起精神，听阿基米德继续讲课。

§勤学苦练是正道

青少年朋友，“凿壁借光”这一成语出自古代一个令人敬佩的勤学故事。《西京杂记》云：“匡横字稚圭，勤学而无烛。邻居有烛而不逮，衡乃穿壁引其光，以书映光而读之。”这说的是西汉经学家匡衡在少年时候勤奋好学，但因家中贫困，无钱买蜡烛，见邻居家有烛光，就在自家墙壁上凿了一个洞，借光苦读。书中还记述：“邑人大姓文不识，家富多书，衡乃与其佣作，而不求偿。主人怪，问衡，衡日：‘愿得主人书遍读之。主人感叹，资给以书，遂成大学。”到青年时候，匡衡志愿到有许多书籍的富裕人家去做佣人，却不要报酬。主人感到奇怪，就问他原因。他说：“只要能读遍你家的藏书就行了。”主人被他的好学精神所感动，就资助他读书。后来匡衡终于成为一个大学问家，还任过丞相。

青少年朋友们，每个人都渴望成功，但又有多少人为此在辛苦努力着？成功之花，人们只惊异它开放时的明艳，却不知当初它的芽，浸透了奋斗的汗泉，洒遍了牺牲的血雨。是的，在成功的背后总隐藏这一段鲜为人知的故事，经历了多少风风雨雨，又历尽了多少世俗坎坷，才站在这胜利的舞台！

青春日记

每个人都想找一条更省力气的路到达山顶。所以人们常常追问已经登顶的人，哪一条是直通山巅的捷径。那些从山顶下来的人却说：“山上哪有什么捷径，所有的路都是弯弯曲曲的。”想到达顶峰，还必须要不断地征服那些根本就看不到路的悬崖峭壁。

第二章

掌控情绪——我的地盘听我的

“只有远离人群才能找回我自己，在带着咸味的空气中自由地呼吸。”

情绪像是一个晴雨表，它可以晴空万里，也可以乌云密布，关键要看你如何去掌控它。

你不能左右天气，但你可以改变心情；你不能改变容貌，但你可以展现笑容；你不能控制他人，但你可以掌握自己；你不能预知明天，但你可以利用今天；你不能样样胜利，但你可以事事尽力……很多事情都是可以选择的，情绪也是一样，你选择什么样的情绪，就拥有哪种颜色的天空，拥有什么颜色的天空，你就拥有什么样的人生。所有的一切，都在你的掌控之中。

做情绪的主人而非奴隶

自己的情绪应该由自己来控制。旁人的称赞会使你获得良好情绪，但是现实生活中还存在着种种不如意的挫折以及反对的意见。所谓自己来控制自己的情绪，就是不等待别人的鼓励和暗示，自己就可以利用积极的心态来控制和改善自己的情绪。

青少年学会驾驭自己的情绪，就等于走好人生之路。尤其是在青少年的时候，能不能有效地驾驭自己的情绪，往往直接关系到今后的人生走向。人通过加强自我修养完全可以，而且应该有效地驾驭自己的情绪，做自己情绪的主人，而不是奴隶。

§要做情绪的主人

做情绪的主人，而不是奴隶。对于青少年来说，如果别人对你说了一些刺伤你的话，批评你，羞辱你，你会怎样？你会火冒三丈，气呼呼地骂回去，或是忍气吞声地强压下来？然后呢？你是否会越想越气，整个情绪都大受影响？

在很久以前，有个佛陀行经一个村庄，一些前去找他的人对他说话很不客气，甚至口出秽言。佛陀就在那里仔细地，静静地听着，然后说："谢谢你们来找我，不过我正赶路，下一村的人还在等我，我必须赶过去。不过等明天回来之后我会有较多的时间，到时候如果你们还有什么话想告诉我，再一起过来好吗？"那些人简直不敢相信他们耳朵所听到的话和眼前所看到的情景：这个人是怎么回事。

其中有一个人问佛陀："难道你没有听见我们说的话吗？我们把你说得一无是处，你却没有任何反应！"佛陀说："假使你要的是我的反应的话，那你来得太晚了，你应该十年前就来的，那时的我就会有所反应。然而，这十年以来我已经不再被别人所控制，我已经不再是个奴隶，我是自己的主人。我是根据自己在做事，而不是跟随别人在反应。"

是的，如果有人对你生气，那是"他的"的问题；如果他侮辱你，那是

"他的"问题；如果他粗暴无礼，那仍是"他的"的问题。因为他要怎么说，怎么做，那是"他的"修养，你能怎么办？让我们再重复一遍佛陀所说的："我已经不再是个奴隶，我是自己的主人。我是根据自己在做事，而不是跟随别人在反应。"作为一名青少年，我们要做情绪的主人，不要使自己成为情绪的奴隶。

§学会控制自己的情绪

作为一名青少年，当你发现自己的情绪无法控制时，不妨尽快脱身离开刺激你情绪的环境，或想一想明智的人在这种情境中会扮演怎样的角色，或设想你已解决了一个难题而处在喜悦中，或向有同情心的人倾诉自己的想法。

如果你不能控制自己的情绪，反而被情绪所控制，那么就不会有成功的希望。宣泄对于抚慰一个人的心灵创伤，是一种极为有益的调节剂。喜怒哀乐，遇事不顺心，发一通脾气，冒一顿火，亦算不得大错。但凡事得有"度"，应当把自己的情绪限制在无害的范围之内，不能因发怒而伤害自己或他人。

如果你有了烦恼，应尽量克制自己的情绪，并将自己的注意力转移到学习、娱乐或其他感兴趣的方面，这样就不致越想越别扭，越想越伤心。凡事认真，一味固执，肯定烦恼重重；能伸能屈，能进能退，自然轻松自在。

如果你有了烦恼，应主动地找知心朋友交流、谈心。可向自己的朋友们倾吐苦衷，发泄郁闷，消除紧张心理状态；可与朋友讨论有意义的问题，转移注意力，遗忘痛苦；可得到朋友的劝告，开阔自己的思路，更理智地对待不良情绪；可受到朋友的赞助、同情和鼓励，使自己产生战胜不良情绪的勇气和信心。

青少年要善于控制自己的情感，约束自己的言行，对盲目冲动和消极情绪的高度自制是成功的重要因素。有了烦恼，如果只盯着烦恼，那样只能使你更加烦恼；倘若勇敢地去与烦恼抗争，那么烦恼就会成为快乐的开始。

青春日记

1. 当我们有情绪时，我们应该首先接受情绪带给我们内心的那一份感觉，跟着这份感觉我们可以去做一些配合它的事，就如疲倦时不要开车，心情不好时避免做出重要的决定。

2. 心情不好时，我们可以尝试用一个词语把这种情绪表达出来，如痛苦、愤怒、焦虑、紧张、恐惧、惭愧、悲伤等，在准确地表达出这份情绪以后，我们心里就会自动去寻找解决的方向。

3. 认识负面情绪的正面价值和意义，并加以运用使自己能够更好地得到提升，比如有的人看到狗以后会感觉恐惧，其实恐惧并不全是坏事，他可以提高我们的防御机制，在我们危险的时候保护我们。

4. 在我们内心有情绪时不要忍在心里，那样会造成心情不稳定，也不要逃避，如用使自己忙碌或其他的方法来避之，这些方法可能当时会有效果，但一旦停下来，情绪就会马上回来。

5. 了解情绪是来源于我们自身，从另一个角度去发掘事情的正面意义，以后同样的事我们就会有不同的情绪状态了。

培养自己积极乐观的习惯

青少年在现实社会中生活，难免会遇到这样或那样的矛盾、困难和问题，比如学习成绩、家庭和个人困难问题等。遇到这些问题时，以什么样的心态去面对，不同的人有不同的答案，得出的结果也大不相同。以积极的心态去面对，就能正确对待，妥善处理，获得新的机遇，有所作为；以消极的心态去面对，就会感到社会不公，或心理不平衡，对自己失去信心，也失去了快乐。

§积极乐观的心态需要培养

某单位同时分来两位大学生路彭和贾高明，都很有才干。他们到单位以后都遇到了理想与现实、工作与进步、名利与得失等问题。路彭性格开朗，豁达大度，对一些复杂的关系，特别是一些不公平的待遇能以平常心去对待，一门心思干工作，自然也得到了领导和同志们的肯定，获得了进步。然而贾高明却态度有些消极，感到自己不得志，遇到一点不顺和不公就自怨自艾，或抱怨他人，对工作失去信心，也不努力去做，反而出了差错，受到批评和处理，进步受到了影响。这说明，同在一个单位，遇到的矛盾、困难和问题大体相同，而作出的反映不同，采取的态度不同，得到的效果也大不相同。可见，以什么样的心态去面对社会、事物和人生至关重要，它决定着事物发展的方向和质量。

在遇到矛盾、困难和问题时，特别是遇到不公正、不合理的对待时，如果青少年只是一味采取消极的态度和不平的心态去看待和处理的话，那就会产生对社会、对人生的不满情绪，反过来又以这种消极和灰色的心态去看待、评价我们的社会和人生，从而导致认识上的偏差和错误，影响自己原有的正确信念，对自己失去信心，形成恶性循环。

由此可见，消极情绪是十分有害的，要引起青少年的重视，并下功夫进行克服，从而以积极的心态去面对一切。青少年要保持一个积极的心态来面对生活和学习，这样有助于培养积极乐观情绪的形成。把握好自己的情绪，要做情绪的主人。

§培养自己的积极心态

积极的心态会使青少年感到幸福，并且懂得人生的意义。如果此时你正为自己处于情绪的低谷而悲哀，如果你还为自己的胆小卑怯而烦恼，那么，你不如将这些让人恼怒的性格丢到一旁，重新培养自己的积极心态。

1. 重新塑造自己心中的偶像：这样可使自己的言行像你心目中所希望的那样。积极心态的培养与行动密切相关，没有行动，任何想法都是空谈。你心目中的偶像可以是一个人，也可以是一类人。可以是具体的，也可以是抽象的。在你的头脑中树立一个积极乐观的形象，在做任何行动的时候，告诉自己，所做的行动必须与心目中的形象相一致。

2. 把自己看成成功者：大多数青少年遇到令人沮丧的事情时，整个身心都沉浸在痛苦之中。如果此时你对自己大声地叫一声：我不是失败者，我是以后的胜利者，你的精神将为之一振，立即兴奋起来。

3. 学着用美好的心情去感染别人：每个人都希望得到灿烂的阳光，一旦带着快乐的心情去和别人交往，快乐也能传递给别人，这样的连锁反应既能让自己感觉到快乐，也能让别人变得快乐。没有人愿意成天和苦菜花待在一块儿。尝试着改变自己的心情，当你用微笑告诉别人你的心情时，别人同样会以微笑回报你。

4. 青少年要学会给予和奉献：给予和奉献是人类的一种美德，但你想到过给予和奉献会激发你的热情吗？给予和奉献能够体现一个人的道德品质，也能体现一个人的社会价值。同时，给予和奉献能带给人愉快的心情。不知道你有没有这样的体会，每当你帮助别人时，自己的心情也会变得愉快。

5. 要心怀感激：生活中多一份抱怨就多一份烦恼，当我们以一种感激的心情环视我们周围的人和事，心也放得很宽。有一位哲人曾说过：在这个世上，没有任何人应该为你做什么事。不要因为别人的过失指责别人，宽恕别人也等于安慰自己。

6. 不要经常说消极的话：经常抱怨的人总喜欢说一些“我真累”“我真痛苦”“我好郁闷”之类的话，这种消极词语会磨损你的自信和激情。

7. 常常进行自我激励：当你胆怯的时候，学会给自己打气，“别害怕，一定会过去”，当你遭遇失败的时候，告诉自己，“别灰心，胜利最终属于我”，当你犹豫不决时，给自己强行一个命令，“拿你有魄力，别再磨磨蹭蹭的”。自我激励是一个持续性的过程，它必须要坚持到心态完全转变。

作为一名青少年，要在现实社会生活中始终保持一颗平常心、向上的进取心，从而使我们的学习和生活更加快乐，更富有价值。

青春日记

每个人的积极心态都不是先天应有的，而是要靠后天的学习实践不断形成的，这种学习和实践还应该是主动积极、不断创新发展的，或者是从正反两个方面的经验教训中得出的总结升华，被系统化了的深刻感受。

首先，要提高自身的思想文化修养。确立正确的世界观和方法论，使自己的看法和认识与社会、与大家趋向一致，全面、客观和辩证地看待社会、人生，特别是那些消极的、不如人意的事物，从中悟出一些深层次的道理，化消极为积极。

其次，要正确地对待挫折。多从自身上找原因教训，不妄自菲薄，不指责于人，善于从挫折中奋起，以自己的正直为人和工作实绩获得社会和人们的认可。

换个角度看问题，也许更快乐

生活中总有这样或那样的不如意，可是青少年该如何面对呢？当你因遇事心中郁闷、火气上升时，应及时进行心理上的自我放松，“命令”自己冷静下来，有意避开一触即发的“触媒”。更多想一想事情的原委是什么，把问题的症结搞清楚；要多想一想对方的心情和感受，换位思考，你会更快乐！

§换个角度，你会更快乐

有一位老人的儿子是批卖雨鞋的，女儿是批卖凉席的。在连续的雨天，老人就为女儿着急，望着外面灰蒙蒙的雨天，老人就会喃喃自语：“唉！这样的天气，谁还会买凉席呢？”在大晴天老人又会为儿子的雨鞋生意感叹：“唉！这么热的天谁还会买雨鞋呀。”就这样老人是天晴也愁、天阴也感叹。对此，熟知他的邻居就对他说：“老伯，你应该这样想：雨天，我儿子的雨鞋肯定卖得火；晴天，女儿的生意会更好做。这样，岂不是你天天快乐吗。”老人猛然醒悟地说：“对呀，这样想来，我天天都不用急了。”老人的心理压力消除了，快乐尽显于脸上。

这位老人的故事，让我们感触很深，其实生活巾，谁都会遇到这样或那样的不如意，换个角度看待，很快就能调整好心态，这样，看到的不仅是希望，收获的更会是快乐。

当我们遇到一些烦心事时，应像邻居开导那位老人那样，换一个角度去寻快乐，想想过去，看看现在，好日子过着，还有什么不快乐的？这样一想，也就没了愁，去了忧，本来想不通的问题，也就想通了，本来认为不快乐的事，也就快乐了。

青少年在遇到烦恼时，不妨换个角度；在想不通时，不妨换个位置；在拿不准时，不妨找个标准；在厘不清时，不妨寻个依据；在弄不懂时，不妨请教朋友，以便将自己调整到最佳位置，为自己寻找到一个快乐的原因。

其实快乐很简单，只要你换个方式去思考，那淡淡的温馨和奇妙的快乐便会周身流动，从你的每一句话、你的每一个动作中都会流露出快乐来。自己的情绪应该由自己掌控，换个角度思考问题，你会更快乐。

§ 换个角度思考问题，会有什么不一样？

有个青年人为贫所困，便向一位老者请教。老者问："你为什么困惑呢？"青年人说："我总是这样穷。""你怎么能说自己穷呢？你还这么年轻。""年轻又不能当饭吃。"青年人说。老者一笑："那么，给你一万元，让你瘫痪在床，你干吗？""不干。""把全世界的财富都给你，但你必须现在死去，你愿意吗？""我都死了，要全世界的财富干什么？"老者说："这就对了，你现在这么年轻，生命力旺盛，就等于拥有全世界最宝贵的财富，又怎能说自己穷呢？"青年人一听，又找回了对生活的信心。

其实快乐很简单，青年人的烦恼也许我们青少年曾经也有过。当时我们又是怎么做的呢？通过这个故事，让我们明白，换个角度思考问题，世界真的不一样；换个角度思考问题，黑暗会变得光明；换个角度思考问题，烦恼会变成快乐。下面还有这样一则故事：

一个年轻妇女，不幸死了孩子，又被丈夫遗弃，觉得活着没意思，便投河自尽。幸好，一位艄公救了她。艄公知道她的遭遇后，便问她："你在没结婚时是怎么过的？"妇女说："那时候我自由自在，无忧无虑……""那时你有丈夫和孩子吗？""没有。""那么，你不过被命运之船送到了两年前。现在你又自由自在了。请上岸吧！"妇女听了艄公的话，心里亮堂多了，也再没有寻过短见。

这两则故事都是"情绪困扰"的心理现象。引起人们情绪结果的因素不是事件本身，而是个人的信念。所以，许多在现实中遭遇挫折的人，往往认为"自己倒霉""想不通"，这些其实都是本人的片面认识和解释，正是这种认识才产生了情绪的困扰。实际情况是，人们的烦恼和不快，常常与自己的情绪有关，同自己看问题的角度有关。对于青少年来说，能否战胜挫折，关键在于自己，任何情况下都不被一时的不快所左右，永远怀着希望和信心，就能从逆境和灾难中解脱出来。

我们再拿前面提到的那个自认为很穷的青年人来说吧！其实，穷与富只是相对而言，并没有一个客观标准。一个人即使没有多少物质财富，但他有青春和生命，有奋发进取的精神状态，就不能说他穷。如果一个人热爱生命，就会感到充实和富有。还有那个投河自尽的少妇，其实孩子死去不可复生，苦恼也无济于事；薄情寡义的丈夫离去，又有什么可留恋的呢？从另一种意义上说，这不也是一种解脱吗？

总而言之，任何事情都不是绝对的，就看你怎么去对待它。作为一名青少年，在遇到烦恼和不幸时，要学会换个角度思考问题，这样烦恼就有可能变成快乐，不幸也有可能变成幸运，就看你是如何考虑这些问题。让我们换个角度思考问题吧！做自己情绪的主人，让快乐永远伴随我们的左右。

青春日记

妻子正在厨房炒菜。

丈夫在她旁边一直唠叨不停："慢些、小心！火太大了。赶快把鱼翻过来、油放太多了！"

妻子脱口而出："我懂得怎样炒菜。"

丈夫平静地答道："我只是要让你知道，我在开车时，你在旁边喋喋不休，我的感觉如何……"

调节情绪有妙招

青少年在自己情绪不好时，应找出使自己情绪不好的原因，努力排除它。当你情绪不好的时候，你要问一下自己："是什么使自己不高兴？"然后想这件事是否真的有那么重要？即使它真的很重要，你也应该保持健康心态积极面对，完全没有必要被它困扰。此外，青少年应该用实际行动排除掉心中的困惑，释放自己的心灵。

§调节心情的方法

1. 说出自己的不愉快。人在情绪不好的时候，应当有节制地发泄，把闷在心中的不快倾诉出来。你可以试着把烦扰自己心灵的事情说给自己的好友或者家人，这样也许能得到他们的安慰、开导，找到解决问题的办法。培根曾经说过：把快乐告诉一个朋友，将得到两个快乐；把忧愁向一个朋友诉说，则只剩下半个忧愁。可见朋友对一个人生活的重要性。

3. 要学会幽默。幽默是一种特殊的情绪表现，也是人们适应环境的工具。具有幽默感，可使人们对生活保持积极乐观的态度。许多看似烦恼的事物，用幽默的方法对付，往往可以使人们的不愉快情绪荡然无存，立即变得轻松快乐起来。

4. 行动转移法。心情开始不好的时候，去忙忙别的事情，使自己没有时间去思考不愉快的事情，这也是一种有效的办法。

除了调节情绪的方法以外，我们还可以通过遵循特定的生理规律来调节情绪：保证充足的睡眠。睡眠对我们的情绪影响极大，人们在睡眠充足时心情最舒畅，看待事物的方式也更加乐观。

§ 调节心情新发现

情绪有个别差异，是可以调节的，因而要学会调节情绪。情绪往往反映着个人兴趣和志向，因此，要保持和培养良好的情绪，做情绪的“主人”，拓展健康的兴趣爱好，树立远大的志向也是重要的条件。

1. 写下来：把心中的不快诉诸笔端，是一种很好的宣泄方式，人的一生中应该留下许多记忆，无论是喜是悲，时隔数年或数月，当你翻开日记本或以前写过的东西，就会回忆起以前的心事，能看到自己成长的脚印。

2. 动起来：一个人情绪低落时，往往不爱动，越不动注意力就越不易转移，情绪就越低落，容易形成恶性循环。可以进行跑步、急走，或到运动场上打球等剧烈活动，低落的情绪很快会被竞技的兴奋所取代。

3. 自我暗示：有时，引起你情绪不好的原因很难排除。这时候，你就先接受它，然后进行自我暗示。常用的自我暗示的方法就是自我鼓励。例如：对自己说“我是×××，×××是最坚强的！”这种积极的暗示能够调节情绪。

这个实验，说明了语言能对人的情绪产生暗示作用。因此，可以利用语言的暗示作用来对不良情绪进行调控。当发怒时，意识到以后，可以反复地暗示自己“不要发怒，发怒有害无益”；当陷入忧愁时，可以暗示自己

"忧愁没有用，无济于事，还是振作起来吧"。这种缓解情绪的方法就是自我暗示法。

4. 换位思考：就是打破思维的定式，站在别人的角度上思考问题。这样，体会别人的心态与思想，就会增加相互间的理解与沟通，防止一些不良情绪的产生。心理换位法更重要的是可以消除自己不能调节的情绪。

家长或老师批评自己后，如果心里有气，可以这样想：假如我是家长或老师会怎样做呢？这样，就能理解家长、老师对自己关心、爱护的态度，心情就会慢慢平静下来。

青春日记

1. 语言调节的方法：语言是影响情绪的强有力工具。如你悲伤时，朗诵滑稽、幽默的诗句，可以消除悲伤。用"制怒""忍""冷静"等自我提醒、自我命令、自我暗示，也能适当调节自己的不良情绪。

2. 环境制约的方法：环境对情绪有重要的调节和制约作用。情绪压抑的时候，到外边走一走，能起调节作用。心情不快时，到娱乐场做做游戏，会消愁解闷。情绪忧虑时，最好的办法是去看看喜剧电影，换一个环境，换一种心情。

3. 注意力转移的方法：请你把注意力从消极方面转到积极、有意义的方面来，心情会豁然开朗。例如，当你遇到苦恼时，可以将它抛到脑后或找到光明的一面，看一些积极向上的，励志的书籍等，都会消除苦恼。

4. 能量发泄的方法：对不良情绪可以通过适当的途径排遣和发泄。消极情绪不能适当地疏泄，容易影响心身健康。所以，该哭时应该大哭一场；心烦时找知心朋友倾诉；不满时发发牢骚，愤怒时适当地出出气；情绪低落时也可以唱唱欢快的歌，以此来调节自己的情绪，做自己情绪的主人。

第三章

温润情感——让爱常伴你左右

“长大以后为了理想而努力，渐渐地忽略了父亲母亲和故乡的消息……”

现代青少年过早地独立，过早地离开家庭的怀抱，在学校这个“小社会”中历练并成长着。他们有自己的理想，在为之而努力的时候却又被心中的丝丝感情线缠绕着、牵绊着，来自家庭或个人的感情问题让他们显得有些力不从心。

青少年应当学会疏理自己的情丝，用真心真爱来对待身边的每一个人，润化自己的人生。

孝顺是一种美德

百善孝为先。记得在我们小的时候，父母常牵着我们的手，生怕我们摔着。而今他们年纪已大，应该是我们时常牵着他们的时候了。作为青少年，不要因此而不好意思，在大街上时常牵牵他们的手。对他们说声我爱你。为他们做做按摩，洗洗脚。

§ 百善孝为先

“现在我终于明白一件事：只有具有道德的人，才是伟大的。我宁愿用我一生所获得的掌声来多换取一件善行。”这是句来自成功后的话，这句话让我们感触很深。道德，一个看似普通的词语，它却是人们共同生活及其行为的准则和规范。中华上下五千年，道德一直是我们华夏儿女的宝藏。

健的父亲又聋又瞎，性格十分暴躁，但母亲非常温顺，使健的幼年过得非常美满。可是好景不长，他的母亲不幸去世，父亲的脾气变得更坏了。后来父亲娶了继母，但是继母是一个心胸狭窄的人，常在父亲面前说健的坏话，使健常被父亲责打。但孝顺的健没有因此而心生埋怨，仍然百般孝顺。最终将父亲和继母打动，一家人过着幸福快乐的日子。

这个故事很令人感动。虽然父亲和继母对健很不好，但健善解人意，自我克制，用孝心去回报他们，这是多么的伟大呀！试想，如果健在父亲责打自己时，去顶撞他们，那只会更加深了他们之间的仇恨。

可见面对同一件事，以两种不同的态度来对待，就会有迥异的结局。“百行之首，以孝为先。”青少年偶尔也会顶撞自己的父母。虽然我们还是未成年人，还不需要赡养父母，但是对父母的不尊重和不孝顺，却不能等闲视之。

青少年们，我们虽然不必“香九龄，能温席”，但是我们应该懂得“鸦有反哺之孝，羊知跪乳之恩”的道理。让我们孝敬父母，善事父母吧！让爱常驻“我”家！

孝敬少不了一份孝顺

孝敬指的是人们在精神上、物质上对长辈、对父母的尊敬、侍奉、赡养。它是人性赋予人的道德，也是法律赋予人的义务。孝顺是人们内心的一种渴望、是一种美好的情思、是一种传统美德。美德是什么？有人说：美德是在朋友遇见时的那一个温暖微笑；有人说：美德是在朋友心情不好时那慰藉的话语；有人说：美德是在他人伤害你后的那一份宽容；也有人说：美德是在他人需要帮助时的那份付出。其实，美德更少不了一份体贴，一份孝顺。

红梅从小被送到一个陌生的家庭里生活，从她记事起，她第一眼看到的人就是她的养母，她管她叫娘。她说，娘那么老，头发是那么花白的，脸是皱的，手是粗糙的，如同树皮一般，她身上痒痒的时候，娘的大手一伸过给她划两下就好了，她痒得笑倒在娘的怀里，她喜欢，她依赖这个牙齿已经掉了的女人，她似乎已经忘记了自己并不是这家的孩子，她们都似乎忘记了，没有人再提及。

红梅长大了，上小学了，知道了感恩，于是在娘生日那天，她偷偷地将精心装备了几天的小礼物塞进了母亲的衣柜。她从没有穿过新衣服，总是拣姐姐穿过的，看见别的小朋友的漂亮裙子，她想，有一天，她也要穿这样的，比这还要漂亮的。但她知道，这只是一个梦，娘老了，娘没有钱，还得供姐姐和哥哥上高中，三个学生的开销，会让娘疲惫不堪。所以，她从不会向娘提无理的要求，她每次放学都第一个往家冲，她得回去帮忙做饭、洗衣。她知道娘不容易，所以她非常争气，总是班上第一名，从来没有变。她不愿让娘伤心、劳累，当幼时看见娘憔悴的面容时，她就发誓，一定要做一个有出息的人，一定要让娘过上舒服的日子，享享福。但娘不愿让她受苦，不愿她将来像自己那样没出息。她哭了，因为她从来不认为娘没出息，她一直尊敬娘、孝敬娘，她要做一个孝顺的女儿。不管以后她多有出息，她还是会孝敬娘，永远不会改变。她说，做了娘的女儿她很幸福，娘对她的恩情她一辈子也还不完，如果有来生，她下辈子一定要做娘真真正正的女儿。

红梅的故事让我们感动，对于青少年来说，我们都有自己的父母，为什么不能像红梅一样，在父母的有生之年，多尽一份孝心呢？什么是美德？孝顺，就是一种美德。孝顺，青少年应该从今天开始，从现在做起，孝敬父母。其他的事情，今天不去做，明天还可以去做，唯有孝敬父母不能等，因为黄泉路上不等人。父母健在一天，就应该多陪陪他们，给父母带去一分的快乐。

青春日记

俗话说，“子欲养而亲不在”。就是说当我们想要或有能力赡养父母时，父母或许已经不在了。所以趁现在父母还在世时，我们应该尽自己的一切孝心去善待父母。孝顺不需要用言语去表白，一举一动就能体现；不分大小，点点滴滴同样能感动父母；不拘形式，喂一口饭也是尽孝的行动；不分贫贱，父母开心就是最大的幸福。

理解自己的父母

青少年常常会抱怨：“父母有时候不了解我们，他们不知道我们到底在想些什么，他们总是按着自己的意思去做……我与他们之间有很深的代沟，我与他们简直无法沟通。”很多孩子都嫌自己的父母唠叨，太不理解自己，同样的意思说了多少遍，都烦死了。所以表现得特别不听话，似乎有一种逆反心理作怪。

§你了解自己的父母吗

对于青少年朋友来说，你了解自己的父母吗？如果你在一个平凡的家庭中生活；如果有一天，你发现妈妈厨房不再像以前那么干净；如果有一天，你发现父母的一些习惯不再是习惯时，就像他们不再想要天天洗澡；如果有一天，你发现父母不再爱吃青脆的蔬果。如果有一天，你发现父母爱吃煮得烂烂的菜；如果有一天，你发现父母喜欢吃稀饭；如果有一天，你发现自己的父母行动反应都慢了。如果有一天，你发现自己家里的碗筷没洗干净；如果有一天，你发现母亲的锅子不再雪亮；如果有一天，你发现父亲的花草树木已渐荒废。如果有一天，你发现家中的地板衣柜经常沾满灰尘；如果有一天，你发现母亲煮的菜太咸太难吃；如果有一天，你发现父母经常忘记关瓦斯。如果有一天，你发现在吃饭时间父母总是咳个不停；如果有一天，你发觉自己的父母不再爱出门……

如果有这么一天，青少年要明白，父母需要我们照顾了。每个人都会老，父母比我们先老。当父母不能照顾自己的时候，如果发现他们的房间有异味，可能他们自己也闻不到，千万不要嫌他们脏或臭，因为总有一天我们也会这样，我们也需要子女的照料。

从我们出生的那天开始，父母就开始照顾我们，喂奶换尿布、生病时不眠不休地照料、教我们生活基本能力、关注我们的吃喝玩乐，关心和行动永远都不停歇。如果有一天，他们真的动不了了，角色互换不也是应该的吗？青少年要切记，照顾父母就是照顾自己的将来，孝顺一定要及时。

§青少年要理解自己的父母

父母生育了我们，教养了我们。他们给了我们母爱与父爱。父母都对我们寄予了很大的期望，并且为我们的健康成长尽了最大的努力，同时付出了很大的代价。当然，由于父母的性格不同、教养不同、能力不同、环境不同，给我们的爱也会有所不同。不过，即使由于父母的感情不和、工作条件不容许，他们也都会尽力而为的，只有量的区别，而不会有质的差异——父母的“爱”是不容怀疑的。

1. 父母爱我们：这是人的本性，也是人天性。当我们从娘胎里出生那天起，这种爱就开始撒播了。这种爱的撒播没有丝毫的伪装和虚假，不图任何的回报，不惜任何的代价，不求任何的感恩。这就是父母的“爱”，我们应该理解并感谢父母。

2. 父母为我们而活：父母从我们呱呱坠地那天开始，就不顾一切地去奋斗、去牺牲、去付出。不惜出大力、流大汗，不图感恩、不计恩怨，为我们付出了极大的心血，为了那寄予莫大希望的早日实现。父母为我们而活，青少年要理解父母对我们的付出。

3. 父母也有自己的情感：父母也是人，也是有感情的，也有自己的理想、愿望；作为一个社会成员，他们有社会责任；作为一个家庭，他们承担着“养家糊口”的义务；作为一个人，他们有自己的志向、自己的抱负，还有自己的社会地位需要争取、需要维护；为了生活中的一切，他们需要付出更多的心血和代价。父母的这种情感，我们应该给予必要的理解。

4. 父母也有自己的个性：父母也有自己的喜、怒、哀、乐；也有自己的不顺、不快、不解，也有自己想不开的时候。因此，很可能在这种时候，说了不该说的，言辞不当，甚至是说错的，使我们产生了很大的误会和偏差，让我们很难理解，甚至产生反感和逆反心理。但这些情绪反应都是正常的心理反应，每个人都会有情绪不佳的时候，因此我们应该理解父母的这些不良情绪的反应。

另外，要学会站在父母的角度考虑问题，站在父母的角度看待你的成长，那样，你就会多出一份理解与宽容。人们常说“理解万岁”，青少年们在要求父母们理解自己的同时，也要去理解父母。“金无足赤，人无完人”“人非圣贤，孰能无过”。我们不能要求自己的父母没有一点缺点和失误。要知道，理解是相互的。

青春日记

每一天，我们都在悄悄地长大，不知不觉中已进入了青少年。慢慢地长大后，总是希望再回到小时候。小时候的自己生活得无忧无虑，在父母呵护下健康地成长着，对任何事都不明白，对所有事情都充满好奇。但唯一对父母不满的是，自己做什么事他们都要插手，真想早点“摆脱”他们，还自己一片自由的天地。

可是，现在长大了，就越来越能理解父母的良苦用心，父母“到底”都是为子女好，正所谓“可怜天下父母心”。在自己身上，也许是任性，也许是不懂事。父母从不会埋怨子女，对于我们更多的是爱与关怀。

孝敬父母要趁早

人们出门在外时，最想念、最想倾诉的人是父母。可是当父母在我们身边的时候，我们可能嫌他们唠叨、啰嗦。因为我们长大了，有了自己的阅历和见识，于是有时候甚至对父母指指点点，妄图把他们塑造成完美的父母。而从来没想过忘，自己渐渐地长大的同时，父母也正在一点一点地变老。

§ 孝敬父母，应从现在开始

每个人都有自己的想法，都坚持自己的想法，更何况无论我们八岁还是八十岁都会将我们当小孩看待的父母呢？想想我们的那些莫名其妙的固执，有没有感觉到自己很不孝呢？

俗话说："老人即使没有理，也要让他们三分理。"意思很简单，就是要尊敬父母，不要跟父母计较，不要跟老人在言语上争高下。是的，每个人都有被尊重的需要。父母为我们付出了那么多，他们小小的心理需求我们为什么就不能满足呢？也许就是因为父母总是为我们着想，而让我们忽略了他们的心理需求。

对于日渐衰老的父母来说，能否锦衣玉食已变得不重要，重要的是我们对他们的关爱。无须乘鹤后的风光大殓，也无须弥留时的痛哭流涕。在此刻，一个简单的笑话、一次轻轻地按摩，便足以令他们感动许久。

父母总有一天会离开我们，等到父母不在时才想到赡养，对我们来说，是多么大的痛苦！孝敬父母要趁早。不要说等着我们"怎样"的时候再孝敬父母。说不定那个时候，父母已经不在。那个时候的追悔莫及，是多么大的痛苦！青少年朋友，孝敬父母，应从现在开始，从小事做起。

§ 孝敬父母越早越好

曾经有一个苦孩子求学的故事，让很多人为之愤怒。他的家庭十分困难，父亲逝去，弟妹嗷嗷待哺，可他读完大学，还要坚持读研究生，母亲只有去卖血……那是一个自私的学子。

求学之路很漫长，一生一世的事业又何必太在乎这几年的蹉跎？况且这段时间的分分秒秒都苦涩无比，需用母亲的鲜血灌溉！一个连母亲都无法挚爱的人，还能希望他会爱谁？把自己的利益放在至高无上位置的人，怎能成为一个孝子？

人们更不喜爱这样的游子。父母病在床，他却断然离去。无论你有多少理由，地球离了谁都照样转动，不必将个人的力量夸大到不可思议的程度。在一位老人行将就木的时候，游子将父母对人世间最后的期望斩断，以绝望之心在寂寞中远行，这样的行为，是对自己生命的大不敬。

相信赤诚忠厚的青少年，都曾在心底向父母许下“孝”的宏愿，相信来日方长，相信水到渠成，相信自己必有功成名就衣锦还乡的那一天，可以从容尽孝。可惜我们忘了，忘了时间的残酷，忘了人生的短暂，忘了世上有无法报答的恩情，忘了生命本身就是如此的脆弱。

父母有一天走了，带着对我们深深的挂念；父母有一天走了，遗留给我们永远无法偿还的心债。你就永远无以言孝。有一些事情，当我们懂得的时候，已不再存在了。世上有些东西可以弥补，有些东西永无弥补。“孝”是稍纵即逝的眷恋，“孝”是无法重现的幸福；“孝”是生命与生命交接处的链条；一旦断裂，永远无法连接。

青少年朋友切记，孝敬父母应越早越好。请赶快为你的父母尽一份孝心吧！也许是一次简单的晚餐；也许是“第一名”的奖状；也许是作业簿上的一个红五分；也许是一次成功的家庭扫除，也许是一只野果一朵小花，也许是一双洁净的旧鞋，也许是一杯茶饮，也许只是轻轻亲父母一下……但“孝”的天平上，它们等值。只是，青少年朋友们，一定要抓紧，趁你父母健在让父母体会到你那浓浓的亲情。

青春日记

古人云：“树欲静而风不止，子欲孝而亲不在。”在举孝廉的古代，孝敬父母同样也是一个反映人才可用不可用的重要标准。一个连自己的父母都不爱的人，还指望他去爱谁呢？或许会有一部分人站出来说：“我们不是不孝，是我们没有钱为他们买东西，如果我们有钱了，我会给他们买很多漂亮的衣服，好吃的奶酪，住洋房，开洋车。”但这样的人即使有了钱也不会给父母的，因为他们会有更多看似很充分的理由去为自己的不孝辩护。

人生短暂，孝敬父母要趁早。人生没有多少时间可以供我们挥霍了。按人可以活 80 岁计算，这已经花掉了五分之一，何况现在父母已近半百，30 年的时间，你还要用来吃饭，睡觉，工作，照顾自己的家庭孩子。算来算去我们陪父母的时间是少之又少啊！所以请记住：只要我们还活着，就不要停止孝敬父母。

勿以善小而不为

故人云："勿以善小而不为，勿以恶小而为之。"今天咱们再来看这一古训，就会看到它所蕴含的一种全新意义：精神文明建设不仅要注意约束自己的一言一行，更要求我们主动自觉地去做些什么。青少年切忌："勿以善小而不为。"

§ 勿以恶小而为之，勿以善小而不为

人生是一个大课堂。你可以在这个课堂中学到很多的知识，可以在社会的实验室中了解到人性的善恶与美丑，最重要的是学会做人的道理，磨炼出坚强的意志和品格。

当你到了耄耋之年时回顾一生所走过的历程，会发现已学会了很多的知识，人生的真谛需要去理解去实践才能了解到。当你真诚地对待生活和每一个人，在你遇到挫折和失败时你就会受到人们尤其是朋友的支持，这也是你善待生活的结果。人的一生难免会碰到各种各样的困难，但是如果你勇敢面对它，挑战它，最终你会胜利。

古人云："勿以恶小而为之，勿以善小而不为"，这句话告诉我们青少年，不要因为是一件微不足道的善事就不去做，也不要因为是一件很小的坏事就去做。人人都应该存有善念，心中有善就会觉得充实。我们的行为都要符合道德的准则，要对得起自己的良知，这是实现自己生命价值的前提条件，这也是一种人生的哲理。

常言道："善有善报，恶有恶报。"坏事做多了自然不会有好结果的。青少年要想做一个正直的人，首先要热爱生活、善待生活，以自己的力量为社会作贡献，为他人作奉献。不要以为只有做大事才对社会有利，做小事也一样会对社会有利。当他人遇到困难时，你热心地去帮助他人解决困难，不仅自己会感到心情无比舒畅，别人也会对你心存感激。在他人危难之时给予帮助就像雪中送炭，他人也会对你的帮忙难以忘怀。

在人的一生中，会有很多自己想得到的东西；但如果刻意追求某种美好的事物，最终也未必如愿；而凭着自己的能力默默地、不计回报地去努

力，能得到，也令人欣慰。俗话说，“有意栽花花不开，无心插柳柳成荫”，讲的就是这个道理。作为青少年来说，应该明白这个道理。“勿以善小而不为，勿以恶小而为之。”青少年应多做一些善事，让爱永驻我们身边。

§ 从小事做起，从现在开始

对于青少年来说，不要认为事情小而忽略了做它的意义和作用，凡是成就大事者，均把做好每一件小事看得很重要。一件小事往往会改变人们对你的看法，改变自己为人处世的原则，改变自己的人生轨迹；做一件好的小事，会给人留下好的印象，同样做一件小的恶事，会给自己纯洁的人生涂上一个污点。青少年应从小事做起，从现在开始做好每一件事情。

俗话说：“不积跬步，无以至千里；不积小溪，无以成江河”。好事虽小，积累起来就能成就闪光的人生，雷锋精神之所以渊远流长，就是因为雷锋同志不论何时何地总是把做好事当作一种责任，当作毕生的追求。

我们经常说，“细节决定成败”。其实，生活中的每一件小事都是学习中的“细节”，在小事上也往往能体现出一个人的修养。在现实生活中不乏想做大事的人，但愿意把小事做细的人却不多；不乏雄韬大略的战略家，而精益求精的执行者却不多。许多人并不明白，要做好身边的每一件小事，没有一定的素质修养是不行的。只有改变心浮气躁、浅尝辄止的毛病，才有可能注重细节，把小事做好。要知道，把每一件简单的事做好是不简单，把每一件平凡的事做好是不平凡，把每一件小事做好终将成就大事。

对于青少年来说，更要从小事做起，从现在开始。要加强学习，提高自己的文化素质。只有加强学习，才能不断提高自身的思想能力，才能更好地把握细节，做出正确的判断，不断提高自身的素质。此外，青少年还应该保持一个良好的心态，在平凡中创造不平凡。从身边的小事做起，用自己的实际行动去影响身边的人。

青春日记

人生道路是漫长的，要做的事多得像水一样，但应该把“做好事”这几个字牢记在心头。其实生活中许多事只是我们举手之劳，勿以善小而不为，只要人人多献出一点爱，世界将会更加美好的。

一切从小事做起，从点滴做起，让我们的心灵得到净化，道德得到升华。细微之处见精神，平凡中孕育着伟大。只有不弃小善，才能积成大善；只有能积众善，才能有高尚的道德！

正确对待“爱情”

当走过了少年的时光，随着年龄的不断增大，许多的青少年心中最原始的爱情开始萌芽，这是一种正常的生理现象。对爱情憧憬的同时又总是惴惴不安，许多的青少年不知道应该怎样面对？

§ 走进青少年的内心

在一个偶然的机会，小明认识了邻班的小玲，很快就说到了一块儿。他们俩在一起感到有无穷的乐趣。可是没几天就放暑假了，彼此再也见不到对方了。这时会有一种难以名状的情感在心头升起，他们的感觉都告诉对方彼此互相爱慕了。那一个假期他们都像丢了魂似的，都在焦急中度过了漫长的假期。

当开学再次见面时，他们很快地便坠入了爱河。但是由于他们的自控能力很低，没有太多的精力，于是他们的学习成绩都变得一团糟。最后的结果是本来成绩都十分优异的他们在高考后都落榜了。现在他们的心中都很自责，时时有一种犯罪感，总是认为是自己害了对方。这种痛苦一直在他们的心中，当时的那种爱的萌动现在再也找不回了，取而代之的只有痛苦。

这个案例也给正在热恋中的青少年一个很好的警示：由于年龄小，许多事情还不能理智地去解决。当问题出现时又找不到解决的办法，只能让心这样痛着，相信随着时间的流逝他们的心情就会变得好起来，但是那曾经的痛是无人可以给他们买单的。

爱的含义，不只是欢愉和浪漫，还有义务和责任。爱代表着一种责任，爱是一种无条件地付出和牺牲，爱是永无止境的，爱的回报就是对方的永远快乐和幸福。对于青少年来说，眼中的爱情只是欢愉和浪漫，没有义务和责任，因而青少年的爱是残缺不全的爱，是经不起生活的磕碰，一旦有风吹草动，爱情之花就会很快衰败凋零。这是因为青少年所有的经济来源都是依赖父母，根本无力承担一个家，对于爱情中的所有的责任和义务都不能兑现。

另外，青少年正处于青春时期，所谓的爱情只是一种性意识的萌芽，不能称之为爱情。由于生理因素，绝大多数青少年在这个时期，都对两性关系存在着极大的好奇心。也因为他们的年轻幼稚，各方面条件都不成熟，初恋表现出明显的幼稚性和冲动性，也是很肤浅的，缺乏一定的理智思考。

由于青少年世界观尚未形成，对人生、对社会、对世界的看法还较幼稚、片面。个人的思想、道德品质在今后的人生道路上还会发生很大的变化，今天可能一致，明天就可能有分歧。对异性的恋爱往往带有朦胧、脆弱、不稳定的特点。恋爱一旦不成，幻想破灭，对青少年的打击则是致命的。搞不好会使青少年在畸形的感情旋涡中越陷越深，不仅影响学习，影响进步，也影响今后的人生。

§ 怎样对待即将来临的“爱情”

首先，用理智战胜情感。我们必须承认这种感情是圣洁的，在这个前提下，青少年要学会驾驭感情的本领，而不做感情的奴仆。爱情是建立在良好的物质基础之上的。爱情需要建立在一定的事业之上，古人讲“成家立业”，而现代人更应当“立业成家”。如果你连自己都养不活，何谈爱情呢?

其次，把爱情变成动力。把爱情变成动力，真的是说起来容易做起来难。你们可以共同来一个“高考之约”，为对方以后人生的幸福着想。为了理想，为了心中那个美丽的梦，青少年可以彼此约定这段时间不见面，直到中考完毕，要以一个最好的成绩作为给对方的见面礼。每当想起对方的时候，就要以学习代替，告诉自己对方此时正在为了那个约定而努力，自己不能偷懒。用理想激励自己，这样你就会每天都有看不完的书，做不完的作业，每当精疲力竭的时候，只要一想到那个美丽的约定，就会觉得有无穷的力量。

青春日记

把爱变成友谊。每位青少年在对待爱情的问题上都很有分寸，都做出了对自己有利的选择。要相信那个无话不谈的朋友，当自己有困难时，一定要让对方帮你，但是不一定要说出那份感情，有时候内心的存在比暴露在外面更珍贵。然后把自己的眼光放远一点，把异性当成一个和你一样的平常的人，从精神的层面去欣赏，你会发现，那里有一片更自由更坦荡的天空任你遨游，你将拥有更多能够理解你，欣赏你，喜欢你的异性好友。如果这样的话，相信在你以后的人生路程中，你一定会庆幸自己现在的选择。

做一个诚信的青少年

做个诚信的青少年，从字面上说，"诚信"就是诚实守信。诚信，乃做人之本。当今，在社会主义市场经济建设中，诚信显得越来越重要，如果一个单位、一个地方、一个人一旦失去"诚信"，那他将会变成"孤雁"之行，他的事业将会变成"断水之源""无本之木"。世界因为有了诚信才更加精彩。我们青少年更要学习"诚信"。

§青少年不能丧失诚信

刘玄德为求卧龙而三顾茅庐的故事，为诚信创造提供了一个经典的例证。风再大、雪再狂，也没有使求贤若渴的刘备退缩，结果他的诚信打动了卧龙孔明那颗高傲的心，不但忠心辅佐刘备，而且为了兴复汉室，完成托孤重任而鞠躬尽瘁。试想假如刘备当日心浮气躁而往，卧龙还会出山，还会有流传后世的三国鼎立吗？诚信，即是治国之道，兴邦之计。也是我们青少年的立身之本，修德之道。

俗话说："树无根不活，人无诚难成事。"诚和信是相辅相成的，有诚方有信，信有则会更诚。诚信是多种多样的，对国家的诚信，叫"忠"，对父母的诚信叫"孝"，对朋友的诚信叫"义"，对真理的诚信叫"德"。

有诚信，世界才有美丽；有诚信，世界才有真情；有诚信，我们的明天才会更加美好。

在现实社会中，我们青少年难免与朋友发生这样或那样的误会，那么消除误会的最好的方法即以诚信待人，诚信是开启心灵之门的钥匙，只要我们以心换心，就会消除误会，增进情感。朋友受挫失落流泪时，你的一个真诚的微笑，一句劝慰，也许会驱散朋友心中的乌云。朋友成功喜悦时，你一句祝贺的话语，更能鼓励朋友在日后的生活中道路上越走越宽。

在人的一生中，我们会得到许多，也会失去许多，但“守信用”却应是始终陪伴我们的。以虚伪、不诚实的方式为人处世，也许能获得暂时的“成功”，但从长远看，他最终是个失败者。这种人就像山上的水，刚开始的时候，是高高在上，但渐渐地就会越来越下降，再没有一个可以回升的机会。

§ 争做一名诚信少年

古人说过，“知之为知之，不知为不知，是知也。”一场考试舞弊得逞，能说明你把这个问题搞清楚了吗？不做老实人，而最终受伤的还是你自己！试想，如果在学生时代我们就随意糟蹋自己的信用，用虚假的成绩怎么能参加明日的就业竞争？

如果每个人都不诚实，青少年朋友之间便无法处于同一起跑线，竞争也不再公平。通过做假而得到机会，必定是以牺牲其他优秀同学为代价的，这对于未来的人才选择是极大的打击。国家建设需要的是有真才实学的人，而不是滥竽充数的南郭先生。因此，青少年都应该珍惜自己的信誉，守住一片纯净的心灵！

世界上如果没有诚信，人们互相伤害，人们没有安全感。诚信对于我们的生活，如同阳光、空气、水一样重要。诚信是市场经济的基石，市场经济本身就是信用经济，在文明的社会里，一个人在社会上的立足与发展离不开诚信，诚信是全社会的需求。

作为一名青少年，我们还没有能力去迎接社会的风浪，那我们有没有在接受着诚信的考验呢？有！我们的诚信精神体现在哪里呢？那就是不作假，作业不作假，说话不作假，考试更不能作假。我们都需要诚信，需要诚信打造自己坚实的明天。诚实做人，诚挚待人。诚信并不遥远，诚信就在心间。诚实是做人的根本，是成就事业的保障。青少年一定要诚信做人。

对于青少年来说，应从现在做起、从我做起、从身边小事做起，做到明礼诚信，只有这样，才能取信于他人，服务于社会，奉献于人民和国家。做一名有诚信的青少年，让诚信常伴我们左右，感染每一个人。

青春日记

人生之舟，不堪重负，有弃有取，有失有得。失去了美貌，有健康做伴；失去了健康，有才学追随；失去了才学，有机敏相跟。但，失去了诚信呢？失去诚信，你所拥有的一切，金钱、荣誉、才学、机敏……就不过是水中月，镜中花，如过眼云烟，终会随风而逝。看待自己周围的人和事。

第四章

成功交际——让自己左右逢源

“……风雨中这点痛算什么，擦干泪不要问为什么！”

有很多人总是处在原地，仰天长问：为什么，为什么没有人愿意和我交朋友？为什么我要被孤立出来？为什么我没有好人缘？为什么我找不到真挚的友谊？结果，生活还是一样继续着，什么也没有改变。发展亲密的伙伴关系是青少年的一种精神需要，在交往中他们可以相互学习、帮助，增长自己的知识，所以，与其这样做无用功，不如审视一下自己，从自我出发，改变自己，为自己赢得一个好人缘。

克服自卑心理

自卑心理很容易影响青少年的交际，也是有些青少年无法与他人正常交往的原因之一。其具体表现为，容易产生自卑感，甚至瞧不起自己，只知己短不知己长，甘居人下，缺乏应有的自信心，无法发挥自己的优势和特长。有自卑感的人往往在社会交往中办事无胆量，习惯于随声附和，没有自己的主见。这种自卑感如果不加以克服，不可避免地会影响青少年的交际。因此，有自卑感的青少年要想让自己的交际更加自如、更加得意，就一定要克服这种心理。

§ 自卑心理的表现

小明从小体弱多病，不仅这样，他还有着一张其貌不扬的脸和平平的学习成绩。所以，无论是在家庭还是在学校，他都经常是被人遗忘的角色。与他恰恰相反，他的哥哥们非常出色，是同龄人中的佼佼者，也是全家人的骄傲。在这种强烈的对比中，小明的心头总罩着一层挥之不去的阴云，他在这种苦闷、压抑中无法自拔。在课下，他很少与人交往，总是一个人默默地做自己的事情；在课堂上，他有什么问题或是想法时，既不敢提出来，也不敢问老师或是他人。总之，这些都让小明很是苦恼，他也很想像其他人一样有好朋友，能和大家打成一片。可是，这一切也只能出现在自己的梦里，很多次他都在问，自己该怎么办呢？

通过以上的案例我们不难发现，小明有着严重的自卑心理，是自卑心理影响了他的交际。随着年龄的增长，青少年越来越看重如相貌、家庭、学习等因素，而由这些原因所导致的自卑感也不可避免地成为影响青少年交际的心理问题。那么什么是自卑心理，自卑心理又有哪些表现呢？

所谓自卑心理，是指自我评价偏低、自愧无能而丧失自信，并伴有自怨自艾、悲观失望等情绪体验的消极心理倾向。这是一种不健康的心理，情况严重时会成为一种人格缺陷。它往往过多地否定和贬低自己，抬高别人，而这些会影响对自己正确、客观的判断，会使自己不能客观、正确地过度自卑的人往往敏感多疑，胆怯懦弱，孤僻内向。常常情不自禁地过分夸大自己的缺陷，甚至毫无根据地臆造出许多弱点，把自己看得一无是处，其具体表现如下：

1. 对批评特别敏感

自卑感严重的青少年，在遇人或遇事时往往伴有不安、焦虑、恐惧等不良情绪。常常怀疑自己的能力，过分担心别人看不起自己，从而呈现出一种病态的自我保护心理，神经质地对待别人的批评意见。对别人的言行会做出不正常的反应，要么大哭大闹，要么极度消极，总认为人们轻视、贬低、挑剔、歧视自己，因而对别人的言行做出不正常的反应。

2. 自暴自弃

占很大比例的自卑青少年往往会表现为自暴自弃、不求上进，认为反正自己不行，在做事过程中，只要遇到困难、挫折，就轻易放弃，而不去坚持，认为反正自己不行，努力也是白费力气。更有甚者，还可能表现出自虐行为，如故意在大街上乱窜，深夜独自外出、生病拒绝求医服药等，有意把自己暴露在危险情境之中，并表现出对自己的残害行为。

3. 对别人轻视、嫉妒

自卑者为了减轻自己的心理压力，常常会出现贬低别人的现象，因为这样可以使自己地位不会显得过低，久而久之还会出现嫉妒的心理。心理学家认为，这是他们为减轻自己的自卑而设计的宣泄情绪的渠道，尽管这往往并不奏效。

4. 不敢参与竞争

自卑的人惧怕竞赛场合，他们往往不相信自己的力量，虽然十分渴望获得成功的体验，但由于对自己的能力缺乏信心，通常还未交锋就断定自己会失败。因此，这样的青少年总是尽量躲避竞赛场合。有的虽然在他人的鼓励下勉强报名参赛，但往往在正式参赛时又会临阵逃脱，甘当“逃兵”。

5. 较少与同伴交往

这些人在集体生活中，从来不愿抛头露面，很少与同伴交往。自卑心理的青少年绝大多数对交朋结友或是兴趣索然，或是视为“洪水猛兽”。很少主动与同伴交往，所以他们一般没有朋友，或者过分依赖于某一个能保护自己的同伴。

§ 青少年应如何克服自卑心理

1. 建立积极的自我评价

自卑的本质就是自我评价过低，这种评价往往是歪曲的、不合理的。常言说："金无足赤，人无完人。"每个人都有自己的弱点和优点，所以，不但要坦然地接受自己的优点，还应不忌讳自己的缺点。有自卑心理的青少年切记不要以自己的弱项与别人的强项比。除此之外，还应该对某一具体行为进行具体的、积极的分析和评价，不能以偏概全，不能因为一次的失败就觉得自己一生都会失败，要经常回忆自己的长处和自己经过努力获得成功的事例。同时还要善于发现自己的优点，肯定自己的成绩，并以此激发自己的自信心。只有对自己有一个正确的评价，才能避免自卑等负面情绪的出现。

2. 正视自己的不足与缺陷

青少年要克服自卑，就要正视自卑。有些青少年把问题看得过于严重，终日沉浸在自己的自卑情绪中，甚至回避与其他同学交往，将自己封闭起来。但是这更加容易使自己在思想上陷入自卑的情绪，形成恶性循环，加重自卑。正确的态度应该是面对现实，坦然面对自己的不足和缺陷，针对自己不如别人的方面进行自我调整和改变。如果是学习差，就更应该努力，提高自己的学习能力，迎头赶上；如果是生理方面的原因，就要在思想上争取更胜一筹，一个心地善良、作风正派的人，其轩昂的器宇与良好的精神面貌，足以弥补身材不高或某种生理上缺陷的不足。众所周知，贝多芬只有163cm，而且身受各种疾病的缠绕，但这没有阻碍他成为一代乐圣。因此，青少年在生活和学习中，不要执着于自己的不足与缺陷，要学会去正视他们，这样就可以极大地减轻这种不必要的心理负担。

3. 要扩大交友圈

要有意识地选择与那些性格开朗、乐观、热情、善良、尊重和关心别人的人进行交往。在交往中，你会被他们感染、影响，你的注意力会被他人所吸引，会感受到他人的喜怒哀乐，跳出个人心理活动的小圈子，那么心情也就会随之变得开朗起来。同时，你还能多方位地认识他人和自己，通过有意识的比较，可以正确认识自己，调整自我评价，提高自信心。

4. 建立自信心

自信是消除自卑心理最根本的动力。人生不是一帆风顺的，不要害怕失败，因为失败是难免的，要想到"失败是成功之母"，要以积极的态度面对失败，在失败中汲取力量，相信自己的能力和毅力，克服困难，向成功努力。

未来的世界无限广阔而美好，青少年应该走出自卑的阴影，在自己身上发现特质、独一、不同性，相信自己有其独特。充满自信，大踏步地向前跨越，去创造事业的辉煌，去书写人生的壮丽。

青春日记

我召唤青春的白桦林／同我一起到原野上飞奔……／风把花朵吹成了号角／长发也能飘扬成旗帜／酷，年轻，并且不歇地行走……／这便是动感青春的定义，风景和语法／二十一世纪，唯一不变的是变化／动词年代，呼唤每个人都是动词／老年是一枚钉子，钉到哪儿算哪儿／青春则是一枚神箭，它铿然射出／为突围而梳理羽毛

……

前途未卜，正是出发的理由／奋斗的笔，可以改写既走的结局／来吧，青春的白桦林／以落落动感，剪剪资影／同我一起到原野上飞奔！

倾听是最好的人际交流

青少年可能会觉得能说会道是很好的人际交流，觉得只要会说，交际就一定差不了，殊不知，会倾听的人才是最好的人际交流方式。会说的，有锋芒毕露的时候，也常有言过其实之嫌，话说多了，称夸夸其谈，油嘴滑舌，说过分了还导致言多必有失，祸从口出。静心倾听就远没有这些弊病，它不仅会让对方知道自己的尊重，还可以表现出自己的素养。因此，青少年在处理自己的人际交往时，要学会倾听别人讲话，做到耳到、眼到、心到，这样就可以获得非同一般的好人缘。

§ 聆听在人际交往中的重要性

青少年是个性发展的关键时期，处于这个时期，青少年都有一些叛逆

心理，而且这是一个个性张扬的时代，独生子女的增多更使他们以自我为中心的心理严重。所以，在交往中总是想做交谈的主导，而不愿意只做一个默默的倾听者。其实，沟通是双向的，必然有一个倾听者，而倾听有时候往往比说话更为重要。

“沟通的最高境界就是静静倾听。”这是一位美国作家对倾听重要性的理解。调查研究发现，沟通中的行为比例最大的是倾听，而不是交谈或说话。倾听是一种品德，不仅表现出对他人的尊重，也展示着宽容谦逊、通达睿智的人格，是完善自我、审视自我的方式之一。

每个人的认知都是有限的，谁也不敢保证自己肯定比他人所知更多。这就需要倾听。如果能够坦诚地交谈，细心、专注地倾听对方的话，就形成了良好的信息传递与接收，这样就达到了沟通的效果，便是成功的沟通。常言道：“当局者迷，旁观者清。”我们个性中的缺陷，仅凭自我省悟，往往难以明察秋毫。他山之石，可以攻玉；他人之眼，可以善我。善于倾听者，会把别人的提醒当成自己成长的智慧。相反，如果不善倾听，有时就会把别人善意的提醒当成指责。虽然倾听有时不能解决问题，但对说话者而言，则是种关爱和尊重。

在人际交往中，有时候倾听达到的效果远远超过交谈。心理研究也显示：人们喜欢善听者甚于善说者。其实，每个人都有发表自己意见的欲望，所以，如果你愿意给他们一个机会，让他们尽情地说出自己想说的话，他们会立即觉得你和蔼可亲，值得信赖。许多人在交往中不能获得青睐，不是因为他们的表达有问题，而是因为他们不善于倾听，总是给人一种以自我为中心，自私的感觉。

§ 青少年需克服的影响倾听的因素

1. 主观偏见

由于后天的教育、生活习惯和社会环境的影响，每个人都有自己不同的思想及衡量标准，即使再完美的人也不能获得所有人的好评，何况我们本身就不完美。所以，人们习惯按照自己的标准去看别人，这样就不可避免地形成了对某些人的主观偏见。由于偏见而导致沟通无法继续的情况就更常见。在沟通过程中，倾听者的最大障碍就在于自己对信息传播者有偏见，而无法获得准确的信息。

2. 先入为主思想的影响

这在行为学中被称为“首因效应”，指最初接触到的信息所形成的印象对我们以后的行为活动和评价的影响，实际上指的就是“第一印象”的影响。我们在初始的倾听过程中，会以第一次听到此观点的印象为标准，当对方提出的观点与你以前听到的观点大相径庭时，倾听者可能会产生抵触的情绪，而不愿意继续认真倾听下去。

3. 以自我为中心的惯性影响

人们习惯于关注自我，总认为自己才是对的。在倾听过程中，总是不自觉地加入自己的主观想法，过于注意自己的观点，对与自己一致的观点会多加注意，否则就置若罔闻，这样往往造成听到的内容过于片面，不全面。

§倾听的技巧

1. 使用并观察肢体语言

当我们在和人谈话的时候，我们的内心感受往往会透过肢体语言清楚地表现出来，如果倾听者态度冷淡或厌烦，就会四处观望、经常做一些小动作，看到这些，讲话者就会很在意自己的一举一动，比较不愿意敞开心扉。如果倾听者态度诚恳、认真、很感兴趣，当对方讲到要点时，要点头表示赞同。点一点头，实质就是发出一种信号，让对方知道你在赞许他，那就表示他愿意接纳对方，很想了解对方的想法，说话的人就会受到鼓舞。而这些肢体语言包括：自然的微笑，身体稍微前倾，常常看对方的眼睛，点头……

2. 倾听时要专心

要善于和说话人交流眼神。让你的眼神和表情表示出你用心、认真的态度。一定要注视对方，但不要自始至终盯着对方。适当地发出一些应答声，表示自己在注意倾听，以激起对方继续讲话的兴趣。再者，倾听者不宜过早做出结论或判断。当我们对某一事件下了结论时，就会产生对某事的判断，这时自我为中心的思想就会发生作用，就不会再倾听他人的意见，沟通就被迫停止。正确的做法是保留对他人的判断，直到事情清楚，证据确凿。

3. 尽量不要打断别人说话

善于听别人说话的人不会因为自己想强调一些枝微末节、想修正对方话中一些无关紧要的部分，想突然转变话题，或者想说完一句刚刚没说完的话，就随便打断对方的话。所以，在沟通过程，即便是你感到不耐烦，也不要急于插话予以否定或打断对方的话，让对方讲述完整，纵然只是内心有些念头，也会造成沟通的阴影。你可以等到对方的话告一段落时，再表明自己的看法。经常打断别人说话就表示我们不善于听人说话，个性激进、礼貌不周，很难和人沟通。

交际是靠沟通来实现的，没有沟通就不会有良好的人际关系。青少年要记住，在沟通交流过程中，是否善于倾听直接影响着沟通的效果，所以，青少年一定要注重倾听能力的培养。

青春日记

明媚三月／花影重重／风摇绿叶／我打开窗子阳光跑了进来／把阴影赶了出去／我听见孤寂断裂的声音／飞鸟掠过的破帛般的青春水面／粼粼发光的不是我的忧伤吗／都忘记吧／曾经喝过的鸩酒／曾经迷失的山路

……

在这美丽的三月／让我们一起倾听花和梦的私语。

敢于接受别人对自己的批评

青少年随着年龄的增长，自尊心也变得更强，所以往往不能接受别人对自己的批评。常常是不能听到任何对自己的质疑与否定的声音，甚至是自己喜好的事物，也决不允许被质疑，被指责。事实上，这是一种十分有害的狭隘心理，而它也在无形之中影响着青少年的交际。因此，青少年要想让自己的交际更如意，就一定要克服这种心理，要敢于接受别人的批评。这样做不仅可以更加完善自己，还可以让自己的人际交往更上一层楼。

§ 敢于接受批评对青少年的影响

好听赞誉之言，好闻顺耳之话，这是人之常情。和许多成年人一样，孩子往往也喜欢听表扬而反感批评。而法国家长和教师普遍认为，那些在孩提时代难以接受批评的孩子，长大后也大多会对批评持“敬而远之”，或干脆“拒之门外”等消极态度，而且会逐渐因为没有批评而变得自负。

人不能没有自负，而且对于青少年来说自负还显得尤为重要。在适当的范围内，自负可以激发青少年的斗志，使其能勇往直前。但是，自负又必须建立在客观现实的基础上，脱离实际的自负不但不能帮助人们成就事业，反而影响自己的生活、学习、工作和人际交往，严重的还会影响心理健康。西方有句谚语：“恭维是盖着鲜花的深渊，批评是防止你跌倒的拐杖。”听惯了谀辞的人常常狂妄自大，只有虚心接受批评的人，才能改正缺点，提升自己。所以，青少年必须要养成善于听取别人批评的品质。

一个人无论什么时候都要虚心接受批评，尤其是成长中的青少年。但是在现实当中，能做到这一点的青少年又有几人呢？他们在接受别人批评的时候，一般都会在脸上表现出一些不自在的表情，心理或多或少存在一些抵触和不服，哪怕是别人批评的对，也要在批评者的言谈话语里找出那么一丁点不恰当的语言，为自己狡辩几句。这些态度都不可避免地影响着青少年的交往，对此青少年一定要加以改正，正确地面对别人的批评。

§如何正确看待他人的批评

大多数青少年都希望别人重视自己，只要做了什么事，就希望获得别人称赞。如果别人说自己的错处，便觉得受了委屈，或怒气冲天。于是，朋友们便往往不敢讲你的弱点说出来，他们或者是称赞，或者是默默无语。但是有时候他们提出的批评并不是针对个人本身，而是对其做事或是对人态度的不满，他们的批评是对你做事的建议，并不是无中生有的挑剔。聪明人会微笑着接受，因为那可以让自己知道自己的缺点与不足，以便能逐步弥补和改掉它们，去完善自己；而愚蠢的人则对此不屑一顾，甚至对提出者心怀怨恨。

俗话说：“良药苦口利于病，忠言逆耳利于行。”如果你真的明白良药苦口这个道理，敢于坦然去接受药的苦味，那么，你就很容易接受别人的批评了。其实，凡是有头脑的人总是时时警惕自个儿不是完全的人，他晓得他自己确有许多缺点。批评是揭发这种缺点的一种好方法，是应当受到欢迎的。批评是一种恩惠，是在教导自己认清看不到的那一面。正如富兰克林所说：“批评者是我们的益友，因为他点出我们的缺点。”

生活中免不了挨别人的批评指责，如何回应别人的批评是一个重要的生活技巧。青少年如果不经过深思熟虑就回应批评，很容易造成不必要的麻烦。但是，只要愿意张开双眼认真观察，双耳用心倾听，用心去领悟，用慧眼去看透，用智慧去解剖，用真理去分辨，用足够的决心和恒心去面对并且改过，勇往直前，终究会变得更加完美。当遇到别人的批评指责时，应做到以下几点。

1. 摆正心态，直面批评

批评不管是出于什么目的，不外乎有两种情况，一种是批评的对，另一种是批评的不对。但是不管是对哪种批评，都不能立刻做出反驳。如果因为别人的批评，使你感到愤怒或者自尊受到伤害而立即回应的话，你可能会很快感到后悔。所以，在回应别人的批评之前，要先耐心等到自己冷静下来，然后再做回应。经过考虑之后，对的批评要善于采纳，因为这能够改变自己的缺点，对于不断改造自己完善自己是至关重要的。当批评是错误的时候，这时，自己可以完全避开、忽略它，并认为这个批评是毫无意义的。如果青少年学会以静制动，那么别人的批评就会失去作用。所以，面对批评，心态最重要。

2. 锻炼一副“厚”脸皮

在生活中，偶尔有一副“厚”脸皮，未尝不是一件好事。不可对一点小小不快的批评就忧心忡忡，差不多全身要崩溃了，要有不怕丢脸的精神，敢于面对别人的批评。但是，这也要把握一定的度，不要到了麻木不仁的地步，否则将会比不接受别人的批评更为可怕。脸皮不可太薄也不可太厚，要学会利用别人的批评以求自己进步，第一步就是要能够得到这种平衡。无论批评者的动机如何，我们总可以把批评用为改进自己的一种指南。只要敢于面对，就会有进步。

3. 重视别人的批评

很多人都听过这样一个故事：有一位香皂推销员，主动要求人家给他批评。当他开始为高露洁推销香皂时，订单接得很少，他担心自己会失业。他确信产品或价格都没有问题，所以问题一定是出在自己身上。每当他推销失败，他会在街上走一走，想想什么地方做得不对，是表达得不够有说服力？还是热忱不足？有时候自己得不到答案，就会回去问刚才的商家，让他们告诉自己，到底自己哪个地方做得不好，请他们指证。他这个态度为他赢得了许多友谊以及珍贵的忠告，他得到了快速的成长。很快，他的销量就上去了，但是他的这种精神却一直保持了下来，后来，他被升为高露洁公司的总裁，他就是立特先生。如果想让自己进步，就需要重视别人的批评和建议，这是立特先生的成功告诉我们的真理。

每个人都希望得到别人的赞美。当别人对你说好听的话时，你会觉得高兴；当别人批评你的时候，你就会觉得难受。但是，如果我们只听到别人虚伪的赞美和歪曲的谄媚，就会飘飘然而自得，怎么可能会取得进步呢？

4. 接受批评时要保持平静，带着微笑

其实，大多数批评的出发点是好的，所以，在接受别人的批评时切记保持平静，用真理，用智慧去思考及衡量。别人给你提出批评，无疑是想让你改正，别人批评你的时候其实也是在冒险，因为批评一个人的同时也可能成为别人的敌人或仇人，更有可能被人责骂或责怪：善意批评者是伟大的，所以你要报以微笑，这会使自己更轻松，也会让事情朝着积极、缓和的方向发展。在对批评分析后，知道什么是对的就要赶紧改过自己的缺点，这就是感激别人的最佳方法，这也是一种感恩。

青少年要善于接受别人的批评，无论何时何地，都要经常反省自己，虚怀若谷，不可唯我独尊，妄自尊大。

青春日记

你轻轻地来了／带着一点顽皮／你是那么的纯真／虚伪无可逼进／你轻轻地来了／带着一点梦想／你是那么的可爱／你幽幽地来了／清新是你的气质／单纯是你财富／我想拥你入怀／但，你哭了／于是，我不再亵渎你的清醇／只因为，你是我的青春。

与人交往要守信

守信，在社会交往中有着十分重要的作用。信就是一个人能遵守承诺、讲信用。如果一个人说话实在，并说到做到，这就会使他人产生信任感，愿意同他交往或合作。相反，如果一个人言而无信，接二连三地自食其言，这将会引起人们的猜疑和不满，让人们对其也不会有什么好的印象。特别在青少年时期，塑造良好的品德是很重要的，学会守信更是培养好青少年品德首要任务。

§与人交往，守信第一

18世纪，美国一位有钱的老板，深夜在回家的路上，被一个衣衫褴褛的小男孩拦住了。

小男孩儿说："先生，请您买一个打火机吧。"

老板回答说："我不买。"说着他继续向前走。

小男孩追上来又说："先生，请您买一个吧，我一整天都没有吃东西了。"

他看着甩不掉的小男孩说："我没有零钱，怎么买啊！"

小男孩儿答说："先生，你先拿着打火机，我去给你换零钱。"

说完男孩儿拿着他给的一个美元快步跑走了。这位老板等了很久，小男孩始终没有回来，他无可奈何地回家了。

第二天上午，这位老板正在办公室工作，他的秘书说来了一个小男孩要求面见老板。

这位老板说：让他进来吧！这个男孩比卖打火机的男孩低了一点，穿的比卖打火机的小男孩更破烂。

小男孩进来第一句话就说："先生，对不起了，我的哥哥让我给您送零钱来了。"

老板问："那你的哥哥呢？"

小男孩说："哥哥在换完零钱回来找你时，被路上的马车撞成了重伤，他现在在家躺着呢。"

这位老板被小男孩讲信用的行为深深感动了。

"走！我们去看你的哥哥！"于是他就去了小男孩的家里，他看着受重伤的男孩在床上躺着。一见老板来了，受伤的小男孩连忙说："对不起，先生，我没有按时给你零钱，失信了！"这位有钱的老板被男孩的诚信深深打动了。当他了解到小男孩的父母亲都不在世时，他决定把小男孩的日常生活费用全部都承担起来。

这其实只是一个简单的例子，在生活中经常会遇到这样的事情，但许多时候人都是为了个人的一点私利而不顾一切，甚至可以不讲信用。这不仅违背了道德上的良心，还会影响与他人的交际，可以说是得不偿失的。

而青少年在处理事情、与人交际的时候，要学会像那个受伤的男孩一样，对人讲信用，这对自己也是一种很好的道德培养，能促使自己成为一个品德才能集聚为一体的完人。

守信是做人的最基本底线。青少年要懂得不管是在做人还是做事上，都不要离开诚实守信的基本原则。建造青少年诚信的基础需要家庭及学校的共同努力，为全社会构建守信的大厦。信用就是真心诚意、实事求是、不虚假、不欺骗；守信就是要做到遵守承诺、讲信用，注重自身的名誉及信誉。只有营造守信的环境，才能培养出诚实守信的年轻学子。

守信是中华民族的传统美德。青少年要引以为豪，以此为基础，从最基本的道德品质做起，时时尊敬他人。曾国藩曾说："不成才可以，不成人不可以。"人的一生中，诚信是道德规范的重要内容，是做人之本、办事之根。在这个社会上，只有做到守信，才能弘扬中华民族的诚信美德，才能使社会更文明、和谐。

守信是一个人不可缺少的高尚品德。个人若能守信，即使萍水相逢的陌生人也会肃然起敬。守信是人际交往中必不可少的道德准则。著名的经济学家阿罗所说："信誉是社会中人际交往的润滑剂，它非常有效并会省去很多麻烦，使人们可以对他人的话给予一定的信赖。"在日常生活中，青少年与别人交往时要为人和善、真诚相待、团结友爱、助人为乐。

守信是一种高素养的道德准则，青少年拥有诚实的态度是很有必要的。古人云："人之初，性本善"，说明守信是每个人都可以做到的。

§ 青少年要学会守信的原则

青少年要学习做人要讲守信的原则。从小树立诚实做人，不能欺骗别人的原则，要保持一个和谐的心理去面对自己的人生。不能想着自己那样对别人了，别人会不会同样的对待自己，那样就大错特错了。

在自己做错了事情之后，要学会敢于承认错误。纠正自己的不良情绪，不要把个人的原因附加到别人的头上去。

对自己答应别人的事情，青少年要保证一定遵守承诺，不可以胡搅蛮缠，以致严重影响到别人正常的工作或是学习。

也就是说，在青少年时期，一定要培养自己良好的心理，学会合理地处理事情，对别人说出去的话，要懂得去遵守。做出去的事情，要敢于去承担。如果是自己做错了，就要敢于去面对错误，这样就一定会获得好的人际网。

青春日记

当蜘蛛网无情地查封了我的炉台／当灰烬盼余烟叹息着贫困的悲哀／我依然固执地铺平失望的灰烬／用美丽的雪花写下：相信未来

当我的紫葡萄化为深秋的露水／当我的鲜花依偎在别人的情怀／我依然固执地用凝霜的枯藤／在凄凉的大地上写下：相信未来

我之所以坚定地相信未来／是我相信未来人们的眼睛／她有拨开历史风尘的睫毛／她有看透岁月篇章的瞳孔／不管人们对于我们腐烂的皮肉／那些迷途的惆怅、失败的苦痛／是寄予感动的热泪、深切的同情／还是给以轻蔑的微笑、辛辣的嘲讽／我坚信人们对于我们的脊骨／那无数次的探索、迷途、失败和成功

……

朋友，坚定地相信未来吧／相信不屈不挠的努力／相信战胜死亡的年轻／相信未来、热爱生命

三人行，必有我师——战胜妒忌

妒忌是一种较普遍的社会心理现象，是一种影响团结，使力量内耗、损己害人的消极心理，它在人际交往中往往起着消极的作用。表现为别人在某方面优于自己，并认为可能由此危及自己的利益而引起的忌恨与不满，这种情绪往往不是正面流露，而是旁敲侧击；妒忌心理极欲排除别人优于自己的方面以解除心头的愤恨，从而达到心理上的平衡。妒忌心，从本质上说是看到与自己有相同目标与志向的人取得成功而产生的不适应感，是既不能正确评价自己、又不能正确评价他人的不良心理品质；妒忌心强的人大都会

出现一些身体上的病症，如胃病、头痛、食欲不好、情绪低落等。

具有嫉妒心理的青少年有明显的攻击性，这种人往往看不到别人的优点、长处，而总是挑剔别人的毛病，甚至不惜颠倒黑白，弄虚作假，这对人际关系有着十分大的威胁。

§青少年产生嫉妒的原因

小真和小陶从小是好朋友，就这样一直到上高中。由于小真长的比较漂亮，性格开朗，而且学习又棒，所以班里的许多男同学都愿意和她做朋友。虽然小陶相貌、学习也不亚于小真，但她性格有点内向，所以在班里得不到和小真同样的“待遇”。像小陶这个年龄段的人，喜欢拿自己同周围人进行比较，开始注意对自己的评价和对别人的评价。小陶感到委屈，心想：为什么她能得到那么多男孩的青睐而我却不能，心里越想越气。慢慢地，她便妒嫉起小真来，而且开始疏远她，决定不再和小真做朋友，而小真却不知道小陶为什么要疏远她。

以上的案例中可以明显地看出，小陶由于自己对朋友的妒忌而失去了小真这个朋友。她的这一行为不仅影响了自己的心情还缩小了自己的交际圈，最终受害的还是她自己。青少年时期很容易因一些如身体或学习上的原因而产生妒忌心理，那么，产生妒忌心理的原因有哪些呢？青少年时期产生妒忌的原因主要有以下几方面：

1. 青春期心理。

嫉妒心理并非天生就有，而是在后天的条件下逐步形成的。随着人不断地成长，青春期是一个自我认定的时期。青少年正是从这个时期开始发现自己内心世界的。在此期间，青少年喜欢同周围人进行比较，开始注意对自己的评价和对别人的评价。同时，他们的自尊心也明显增强。但由于其身心发育的不成熟，他们最容易犯的毛病就是自我评价过高，自尊心过强。如果教师、家长引导不够，他们就会误入妄自尊大、唯我独尊的境地，人也会逐渐变得虚荣起来。这种唯我独尊、追求虚荣的心理很容易与尊重别人的心理产生冲突。

2. 不适当的教育方式。

有的家长常对自己的孩子说他在什么方面不如某某，使孩子以为家长喜欢别人而不爱自己，由不平衡而产生妒忌的心理。

3. 自尊心过强。

对于能力较强的青少年来说，会因为自己经常得到肯定而形成一种“惯性”，如果有一次没受到“重视”和“关注”，就容易产生妒忌的心理。

§青少年应如何克服嫉妒心理

1. 认清嫉妒。

一个人不服输是进步的动力，但事事在人前，样样不服输，却是不可能的。人有所长必有所短。想通这一点，就会驱除嫉妒的困扰。此外，嫉妒的结果往往是损害别人，贻误自己。只有思想上深刻认识了，才会在行动上与之决裂。因此，何必做那些得不偿失的事情呢。

2. 自我驱除。

嫉妒是一种突出自我的表现。无论什么事，首先考虑到的是自身的得失，因而引起一系列的不良后果。若出现嫉妒苗头时，立即自我约束，摆正自身位置，努力驱除嫉妒心态，可能就会变得“心底无私天地宽”。

3. 要胸怀开阔，要有容人之量。

俗话说得好：“公侯头上能走马，宰相肚里能撑船。”就是要开阔如海，宽容大度，才会消除妒忌。各人有各人的长处，不能因为自己有所短而害怕别人超过自己，你的成绩也不应该成为别人进步的障碍。对同学任何方面的成绩或进步要抱欢迎的态度。这种良好的心态，是一个健康人格的反映。

4. 加强修养，克服私心。

嫉妒的发生是个人心理结构中“我”的位置过于膨胀。应有意识地多读一些情操高尚、内容丰富的书籍，多听格调高雅的音乐，加强思想修养，学会有意识地控制自己的感情。懂得了“心底无私天地宽”的道理，就会消除或减少嫉妒心理。

5. 看到自己的长处，化嫉妒为动力。

一般而言，嫉妒心理较多地产生于周围熟悉的、年龄相仿、生活背景大致相同的人群中。因此，要采取正确的比较方法，将人之长比己之短，而不是以己之长比人之短。一个人在嫉妒别人时，总是注意到别人的优点，却不能注意自己比别人强的地方。其实任何人都有不如别人的地方，当别人在某些方面超过我们时，我们可以有意识地想一想自己比对方强的地方，这样就会使自己失衡的心理天平重新恢复到平衡的状态。

6. 不要用放大镜看自己。

如果只看自己的优点，而且看得过重，就接受不了别人挑战的事实，更不能容忍别人超前的优势。在任何时候，把自己看得平常些，就不那么孤高自傲了。把自己当成金子，常有被埋没的痛苦；而把自己当成理所应当的铺路石，就会为有人踏过而欣喜

7. 学会自我宣泄。

最好能找知心朋友、亲人痛痛快快地说个够，他们能帮助你阻止嫉妒朝着更深的程度发展。另外，可借助各种业余爱好来宣泄和疏导，如唱歌、跳舞、练书法、下棋等。

青春日记

我和春天一起写这首诗／和你，和更多的人一同唱这支歌／海洋和冰块猛烈相撞，船冲向浪头／我们这样站着／温柔地呼唤风／使大地上所有的小树木都涨满绿色的帆／当喷吐着鲜红火焰的果子／被狂风一个个击落，那时候／种子要撒遍土地，和矿藏一同沉默着／为了在今天歌唱／为了歌唱玉兰花／洁白的心向蓝天打开

……

你热情、开朗，像四月的阳光／想象的云朵在疾风中飘扬／寻找着美好的声音／爱情的震颤，庄稼的波涛，金属的鸣响／走向辽远的地方，放出喉咙里的力量／你一阵又一阵风似的向我跑来／告诉我使你坐不住的事情／捧着激荡的诗／一直读到希望战栗着升起

……

我和大海一同醒来，拿起工具／春天伴随我们一同奔腾

学会宽容：朋友多了路好走

宽容是藏在内心深处的爱心体谅，是一种智慧和力量。中国有句古话："海纳百川，有容乃大。"宽容不仅是对生命的洞见，还是一种文明的胸怀。青少年有一颗宽容的心是一种非常珍贵的感情，它主要表现为对别

人过错的原谅。这种感情对于孩子个性的健康发展，尤其是情感的健康发展，以及对良好人际关系的建立有着非常重要的意义。富有宽容心的孩子则心地善良，性情温和，惹人喜爱，受人拥护；而缺乏宽容心的人往往性情怪诞，易走极端，不易为人亲近，因而人际关系通常都不好。

§ 懂得宽容的好处

杨丽是一个脾气暴躁，容易生气的人，朋友很少，令她时常感到孤独寂寞。有一次做课间操，解散后，她被同班的一个同学踩了一脚，那个同学赶紧向杨丽道歉，连声说："对不起，真的很抱歉，踩疼你没有？"还从口袋里拿出一包餐巾纸递给杨丽。可杨丽不但没有理会对方诚恳的道歉，还说："你眼睛瞎了吗？这么大一个人站在你面前你看不到，你脑子有问题吧？真是的！"骂完后，杨丽又瞪了对方一眼，便愤愤地准备离去。这时周围的同学都愣住了，踩着她脚的那位同学被骂得满脸通红，杨丽听到有一位同。学小声说了句："犯得着这么生气吗？只不过踩了一下脚，并且别人马上赔礼道歉了，她这人真没劲，走！"杨丽听完后就一直想不通，明明是别人踩了自己，可为什么别人还指责自己呢？

故事中杨丽之所以不被大家所理解就在于她的不宽容，如果她不反省一下，还一直这样下去的话，她的交际一定会受到严重的影响。我们说，忍让宽容是中国人民的传统美德。古人有训："得饶人处且饶人""吃亏就是便宜""退一步海阔天空"等等，均是这种精神的体现。

宽容是融合人际关系的凝固剂。法国著名的文学大师雨果曾说："世界上最宽阔的是海洋，比海洋宽阔的是天空，比天空更宽阔的是人的胸怀。"宽容不仅是美德，也是一种明智的处世原则。在人与人的日常交往中，它是一种可取的人生态度。青少年在与朋友、同学甚至路人在不同的场合交往接触，总免不了意见相左、磕磕碰碰，只要不是原则性的问题，各自主动退让，宽以待人，少计较得失，有利于减少矛盾，维护人际间的和谐，于人于己，都是有益身心的事情。尤其在现代社会，人们的出现过于计较个人功利的倾向，这种宽容忍让的精神更是应当加以提倡。

佛经言："一念境转。"如果你选择了仇恨，那么以后的生活都将会在黑暗中度过；如果你时刻想着如何去报复别人，那么你就会整日愁容未展、心事重重；相反，如果你选择了宽容，放下心中的包袱，给对方一个灿烂的微笑，把阳光洒向大地，阳光也会照在你身上。因此，宽以待人、宽大为怀是中国的古训，也是一种美德，更是协调人际关系的润滑剂。

§青少年怎样做到宽容待人

1. 容忍别人的缺点

青少年朋友应该明白，人人都有缺点和不足，只要不是特别过分，就应该理解和宽容。在学校和同学相处，要学会包容和忍耐别人的缺点。因为，自己也可能有别人讨厌的缺点，多一点包容也就是多给自己机会与别人好好地相处。世界上没有相同的两个人，每个人和每个人都不一样，所以要学会容忍。

2. 把复杂的事情简单化

作为青少年，如果与一个性格特别执拗的同学在一起，两个人都不懂得宽容，那么矛盾就会越来越深。其实，这样的朋友也没有别的毛病，只是性格太执拗。要想包容他，你就必须把复杂的问题想得简单一点，否则的话冲突会越来越激烈。

3. 不要记仇

仇恨可以蒙蔽人的眼睛，仇恨就是人心里长的一个毒瘤，它会随着仇恨的增长而在体内长大，仇恨的人不懂得如何去宽容别人。

4. 从小事做起。

大凡成功的大事，都要从细小的事做起；困难的事，其实是由很多容易的事组成的。而宽容的人，不会计较名誉、地位，做事总愿做小事，所以总是把有好处的事情让给别人去干。同时，事情做成功了，也不把功劳归自己所有。没有做成功，也不沮丧，而是及时查找原因，逐步完善。所以说，只有你做好每一件小事，你也就学会了宽容。

5. 善于理解别人。

善于理解别人，以豁达的胸怀原谅别人。他人无意或过失伤害了自己，不予计较和追究，原谅、饶恕他人的错误和过失，哪怕是他人故意刁难自己，只要没有造成严重伤害，对方又表示了歉意，也应原谅、饶恕对方。

青春日记

年青人的心对歌者说的话／不要在哀伤的诗句里告诉我／“人生不过

是一场幻梦!”/灵魂睡着了,就等于死了/事物的真相与外表不同/人生是真切的!人生是实在的/它的归宿绝不是荒坟/我们. 命定的目标和道路/不是享乐,也不是受苦/而是行动,在每个明天/都超越今天,跨出新步/智艺无穷,时光飞逝

……

那么,让我们起来干吧/对任何命运要敢于担待/不断地进取,不断地追求/要善于劳动,善于等待

懂得赞美他人

赞美他人是情感互动交流的基础,是爱心的付出。学会赞美,就学会怎么去为人处世。简单地说,人与人的相处,爱是基础,尊重是表现形式。赞美就是对人的最高的评价,也是对人的至高无上的尊重。如果人与人之间没有广博而真诚的爱作为基础,就不会懂得赞美他人;然而,如果没有对他人的尊敬,那么,人世间的友爱也就无从谈起。所以,作为青少年要懂得赞美他人,学会奉献真诚的爱心,只有这样才会得到他人的尊重。

青少年学会赞美他人不仅是一种态度,也是一种自身的能力和美德,它的基础就是为他人着想、给别人面子并维护别人、的自尊。每个人都有自尊心,如果你想要别人尊重你,首先就得尊重别人。在这个社会上,一个不知道尊重别人的人,就不会得到别人的尊重。所以,青少年在交往中,一定要用和蔼的态度对待对方,这样你才能得到别人的尊重。

§ 赞美是对他人的最高尊重

生活在社会这个大家庭中,然而,只求索取不求付出是不现实的,也是不会被人接受的。那么,青少年应该怎样才能得到别人的尊重呢?古语道:“己所不欲,勿施于人。”试想一下,你没有尊重别人,那么别人怎么会赞美你呢。同样,你如果将怠慢和不敬施于人,他人又怎么能快乐得起来呢?因此,要想得到他人的尊重,就必须平等地对待身边的每一个人。

随着时代的进步和发展,人们将赞美他人看作生活中的重要部分,每

个人都有自尊心，无论是三岁小孩还是年过花甲的老人，都渴望得到别人的赞美。有关心理学家研究表明，每个人交友和受赞美的欲望都非常强烈。生活中如果老师还没有叫下课，就有同学大声叫着说："下课了"，此时，老师听了会有什么感觉，他认真教学而得不到同学们应有的尊重，心里会非常难过的。每个青少年都渴望自立，都希望成为家庭和社会中真正的一员。当你回到家时与父母或长辈打声招呼，这是对他们最起码的尊重；上课时专心听讲，课下按时完成作业，这是对老师辛勤劳动的尊重。如果你能以平等的态度与他人沟通交流，在对方受到尊重的同时他们对你也会产生好感。相反，如果你表现得居高临下、盛气凌人，那么，在别人心理上会感觉到自尊心受到了伤害，就会拒绝与你交往。

青少年在与别人沟通时，千万不要伤害对方的自尊心，否则，受损失的一定是你自己。俗话说：得人一尺，敬人一丈。意思就是说只有学会尊重别人，别人才会加倍地尊重你。如果你想处处得到别人的尊重，那么，你就先从学会尊重别人开始。因此，青少年在生活中，要时刻学会尊重他人，关爱他人，让生活更加美丽。

在这个世界上，人都是感情动物，只有你对他好了，他才会对你好。自己的态度决定了别人对你的态度，就好比一个人站在镜子前，当你笑时，镜子里的人也会笑；当你皱眉不展时，镜子里的人也是如此；如果你对着镜子大喊大叫，那么镜子里的人也会怒气冲冲地对你大喊大叫。换句话说，你不尊重别人，别人也不会尊重你。所以，要想获得他人的赞美和好感，要有更好的人际交往，就必须学会赞美他人。

§青少年应如何赞美他人

1. 学会赞美他人的个性。

青少年对于别人的习惯及观点，要具有容纳的意识。在不同的人面前赞美也是有差别的，要学会容纳别人的个性和缺点，谅解对方的一时过错。

2. 要有良好心态。

青少年在学校的大集体中，有许多需要学习的楷模。只要拥有"虚心使人进步"的谦虚态度，把握住"三人行，必有我师焉"的处世哲学，就能学会赞美他人，同时也会赢得别人的赞美。要时常保持一个良好的心态，不管别人对自己怎样，都要积极去对待，而让自己的爱心去打动别人，不要因为别人不理自己了，而觉得自己就是无能的。

3. 要学会用文明语言。

人类最大的交流工具就是用语言传递情感。因此，青少年要学会使用文明用语去称赞。一句简单的“对不起”是对自己的过错表示真诚道歉，这不仅体现着你对别人的尊重还突出了你的真诚友善。一句“没关系”表示你对别人过失的原谅和宽容，同时也表现出了你宽阔的胸怀。

4. 适时地赞美。

不要在不适合的时候去赞美别人，那样对自己以后与人相处也是极为不利的。如果你的同学在学习或休息时，尽量不要打扰他们，这些都是尊重别人的具体表现。

在生活中，青少年在赞美的同时，要学会在适当的时间去进行称赞，而不要在别人正工作或是其他不方便的时候去赞美别人，那样会让别人认为是刻意挖苦自己的。所以，懂得在尊重前，学会适当地保持良好的心态去进行赞美，这样不仅能达到意想不到的效果，还可以更好地扩大自己的交际。

青春日记

青春的花开花谢让我疲惫却不后悔／四季的雨飞雪飞让我心醉却不堪憔悴／轻轻的风轻轻的梦轻轻的晨晨昏昏／淡淡的云淡淡的泪淡淡的年年岁岁／带着点流浪的喜悦我就这样一去不回／每一片金黄的落霞我都想去紧紧依偎／每一颗透明的露珠洗去我沉淀的伤悲

……

在那片青色的山坡我要埋下我所有的歌／等待着终于有一天它们在世间传说

调适社交恐惧心理

恐惧是一种心理活动状态，也是一种情绪的不良反应。从心理学来看，恐惧是有机体企图摆脱、逃避某种情景而又无能为力的情绪体验。青少年时期在交往中最容易出现这种恐惧心理，这种现象男女生都可能出现。青少年渴望得到友谊，在心理上希望能广交朋友。但是有些青少年在实际交往时，就出现了不敢见生人、和别人交谈时面红耳赤等不良的恐惧反应，精神系统都处于紧张的状态，这就是青少年时期的社交恐惧。

青少年在社交时出现的恐惧心理是以自闭、恐惧、焦虑为主的综合心理障碍。它的表现形式是不敢交友、害怕社交的一种自闭心理；有些青少年有社交的欲望但得不到满足，因此就会产生焦虑、孤独、害怕面对挫折的恐惧心理。由此他们开始逃避现实，总是觉得没人注意的地方才是最安全的。其实，社交恐惧的特点是强迫性的恐怖情绪，在心理想象出恐怖的情景来自己吓自己。

§青少年恐惧与人交往的原因

小鸽从小性格就内向，自尊心也特别强，所以学习成绩一直很好。可是，她不怎么与人交往，总是怕说错话，或是因为自己做了不适合的事让大家看不起她。后来，她暗恋上了班内的某个男生，但又不敢表露出自己的爱慕，还怕别人知道这个秘密。有一次，好朋友给她开玩笑说："我知道你爱上他了，你别藏在心里啦！"她一听心里急得发慌，担心别人会对她评头论足。从此以后，她更是见人就躲开，不愿理会别人。一有人找她聊天或是玩耍，她就面红耳赤、心慌意乱，而且说话也语无伦次，最后导致她一见人就担心害怕。

故事中的小鸽就是由于社交恐惧心理导致她不能正常与同学交往。最终陷入困境、不能自拔。这种社交恐惧是因心理紧张而造成的心理疾病，只要有这种心理的青少年做到及时调理，就能战胜这种不良的心理障碍。

青少年时期，由于生理上的和心理上的发育，使得不爱和陌生人交往，恐惧与别人交往，甚至是不能去见人。这都是常见的青春时期心理的表现，只要合理地解决内心的困扰，青少年的不良心理就会就此消失的。

青少年的社交恐惧是在后天形成的条件反应，它是在学习过程中而引起的。具体原因如下：

1. 经受过挫折。

俗话说："一朝被蛇咬，十年怕井绳。"一般青少年出现社交恐怖的心理来源于往日的直接创伤经历。他们在交往过程中屡次遭受失败和挫折，就容易在心理上产生沉重的打击，在情绪上产生不愉快的心理表现。时间久了，自然而然就会形成一种紧张、焦急、不安、恐惧等不良的情绪状态。

2. 不良的性格所导致的。有社交恐惧的青少年与不良的性格也有密切关系。像那些有害羞、依赖、胆小心理的青少年就容易产生过度的焦虑和紧张，所以，这种类型的青少年在交往时就会被个性左右，多思多疑成了他们社交恐惧迅速滋生的土壤。

3. 受别人的影响所产生的恐惧。如有的青少年看见或听别人说在交往中所遭受的挫折及困境，听后自己就会感到痛苦和害怕。于是就产生情绪紧张、焦虑、恐惧，由于情绪的繁衍化，导致了出现社交恐惧心理。

4. 内心矛盾所导致的恐惧。青少年时期由于性生理的日渐成熟及觉醒，开始产生对异性充满好奇或好感，于是想接近异性。但由于父母管教太严，也不提倡异性交往。导致青少年内心压抑、没有倾诉对象。久而久之，就形成了不协调的心理冲突，不敢与异性对眼神，害怕与别人讲话，上课也不认真听讲，出现忧郁、烦闷的不良情绪表现。

所以，青少年不良的心理，有时是因为和爸爸妈妈长期生活在一起，青春时期的发展，让自己从内心觉得自己不如别人或是对别人不能接受。只要把自己的心态摆正就行了，对任何事情不要去拒绝，要想着去应对，那样就不会出现像小鸽一样的心理了。

§ 青少年如何克服社交恐惧心理

1. 全面地了解自己，树立自信心。

青少年要正确地认识自己，不要拿自己的弱点和别人的优点作比较，过于自尊和盲目自卑都没有必要，只要你明确：“我并不比别人差，别人能做到自己照样能做到。”要经常用这种心态来增强自己的自信心，保持一个良好健康的心态，相信自己并敢于面对他人。

2. 改善自己的性格。

一般害怕交往的青少年大多都是比较内向的，这种类型的青少年要注意锻炼自己的性格。多参加一些有益的公众活动，要积极主动地与同伴或陌生人交往，慢慢地你就会改掉羞怯、恐惧的不良心理，进而使自己成为一个开朗、乐观、豁达的人。

3. 学会与别人交流。

青少年要把握好时度，在合适的场合充分地展示自己的优点和长处，快乐时与朋友一起分享，不愉快或有困难时向朋友诉说。时间久了你就会体会到友谊的价值。

4. 掌握一些社交技巧。

有社交恐惧心理的青少年，要与善于交往的人接触，你可以从他们身上学些有关社交的知识和技巧，来弥补自身的缺点和不足。

社交中往往遇到的事情很多，伴随着青春期的发展，很多的不良心理会很容易就产生在青少年的心中。但是，这时，青少年一定要学会适当地调整下自己的心理，保持一个良好的心态去接受别人，那么就不会再出现社交恐惧的心理，而这样对以后快乐健康的成长，增强自己的社交能力将有很大的帮助。

青春日记

青春是什么／青春是人生中最美好的时光／当我们还在欢笑声时／已不知不觉地来到我们身旁／青春是风／轻飘飘地来到／它轻抚着我们／将我们脸上的泪水吹干／还我们三月的笑容／青春是希望／闪耀在我们的心中／即使迷了路，也不把忧伤刻在额前／星星总会升起的／它会给我们指明导航线……

青春需要执着／不执着，便容易半途而废／青春需要冷静／不冷静，便容易一条道走到黑／青春更需要理想／没有理想，生命将失去前行的动力……

我们用我们欢乐的步伐走向青春／相信我们走过的足迹／将风化成一个传说，一种风采，一句格言／青春不简单／我们要有豪气，勇往直前

青少年要处理好师生关系

老师是陪伴学生一生的佳友，老师是从小到大一直围绕着孩子的，孩子除了在家有爸爸妈妈以外，在学校就是老师了。青少年要合理地处理自己与老师的关系，不仅对孩子增长一定的知识有好处，也对以后的人生起着十分重要的作用。

当青少年与老师正常相处时，二者在心理上的相容性就会很大，这样非常有利于学生的学习。与老师相处，言语和肢体语言的沟通是建立联系的主要方式，所以沟通的好与坏直接影响老师开展工作。老师与学生的心理协调是指在教学活动中，老师与学生关系上融洽、和谐的程度。学生与老师心理上协调与否，会影响自己对知识的吸收效果。

§ 师生关系好坏对青少年的影响

小慧刚升入初中，可怎么也没有料到，在小学一向非常受老师宠爱的自己，现在居然被老师当成是坏学生，这让她的自尊心大受打击。事情是这样的：数学老师让小慧上黑板演算一道题。小慧看了看试题，回答说，这道题自己还没有想清楚怎么做。老师说，那你站在那里慢慢想吧。结果，小慧站了半堂课老师才让她坐下来。这件事让小慧心中非常不爽，一方面，她认为老师的做法太不近人情了，另一方面，当堂被老师罚站，也太丢脸了。

就这样小慧从此就特别讨厌数学老师，不仅这样她还渐渐地讨厌数学了。每到上数学课时，她不是偷偷地做其他作业就是想其他的事情。一学期下来，她几乎没主动和数学老师说过一句话，而她的数学成绩也是可想而知的——一落千丈。看到成绩单小慧苦恼起来，她不知道该怎么办，该怎么和数学老师相处。

从上面的例子，可以看出师生关系对学生的成绩有着非同小可的影响。小慧之所以出现数学成绩一落千丈的情况，很大一部分原因就是她没有处理好与数学老师之间的关系。可以说，与老师的关系搞坏，最终受影响的还是自己。也就是说，当与老师出现矛盾时，要及时与老师联系、沟通，从而化解这种师生矛盾，而不应该像小慧一样采取消极的态度。

师生关系融洽，学生能与老师友好相处并有效交流与沟通对促进学生本人的学习与成长非常重要。学生在课堂上的认知速度和质量与其认知态度、情绪、情感有着密切的联系。正确而又积极的学习态度、良好的成就动机、愉快的情绪、高度的注意力、适度的心理紧张状态，是教与学得以顺利进行的前提条件。

以前受老师宠爱的小慧同学因数学老师不能够以肯定的态度、欣赏的眼光和鼓励的言语对待她，而是多次用否定的态度、挑剔的眼光和批评的言语，从而使她心里感到委屈、难受和失落，再加上内心深处不能接受老师对自己的严厉批评而对老师产生了一定的抵触情绪。这种负面的情绪直接影响小慧学习数学的兴趣和效率。

通常，在老师的心目中，学生可以分为好学生、差学生、听话的学生和难管教的学生。同样，在学生心目中，老师也是有等级顺序：有最喜欢的老师，比较喜欢的老师，没什么感觉的老师，很严厉的老师，不太喜欢的老师等，这都是正常的。对老师的不喜欢绝不是对老师的冒犯，因为人是有感情的，但不敢或讨厌与老师相处及交流，那问题肯定出在青少年自己身上。

青少年与老师相处不协调时，相互间的心理相容性就小，会对青少年自身的思维产生抑制作用，势必影响教学活动的顺利进行和教学质量的提高。老师与学生之间心理上的不协调有很多种原因，其中很重要的一点就是情感距离和在人际知觉上的偏见。情感距离是指老师与学生在情感交流上的差距。老师与学生在情感上产生距离的原因，一方面是由学生心理造成的。有的学生尤其是成绩较差的学生，由于种种原因不愿或不敢与老师接近，而采取敬而远之的态度。另一方面是由老师自身造成的。有的老师有意将自己置于居高临下的地位，时刻保持尊严与威信，过于严肃，不苟言笑，使学生感到难以接近。这种做法，阻碍了两者之间的情感交流。有的老师无视学生的人格和自尊心理，对学生冷若冰霜，动辄训斥，致使学生心理上与老师疏远，甚至产生逆反心理。因此，老师应充分予以重视，讲究与学生心理协调的艺术。

§ 青少年应如何更好地处理师生关系

1. 主动与老师沟通。

由于青少年在学习中常常受到许多问题的困扰，老师会给学生一些指导，这时，一定要和老师沟通，从而找到解决的办法。学生如果不主动，那么在学习与生活中的许多问题就会成为缠绕自己的困惑。只有老师指出自己的缺点和不足，并且在和老师的沟通中找到解决的办法，才是取得进步的最好途径。讨厌、躲避老师，只能使自己的缺点和不足越积越多，越成问题。如果认为老师偏心或不喜欢自己，就更要去主动接近老师。这样的沟通多了，不但能从老师的言谈举止中判断老师对自己到底是不是有偏见，从而加强相互了解。同时，一定要懂得，对老师的尊重并不等于认为老师做得都对，时常与教师交流，避免摩擦。

2. 注意与老师的相处。

对老师有意见就应该向老师提出来，但是要注意场合和方式，最好和老师单独相处的时候和老师交流，要把事情的来龙去脉说清楚，把自己的意见表达清楚。这既是一个让老师更好地了解你的机会，同时也是一种尊重和信任老师的表现。给老师提建议或消除老师对自己的误解时，要注意场合和方式，可以在单独相处的时候与老师交流。有的学生出于害羞、胆怯，与老师面对面沟通心里发怵。这种情况，最好以书面形式与老师交流。先理清自己的思想，自己的缺点，自己的意愿，在尊敬老师的前提下如实写出来，向老师汇报，请求老师的指导、帮助。还可以写写自己的打算、措施。这样的内容，可以写成单独的书信，也可以写在周记本、日记本里，请老师批阅。总之，学会沟通是心理健康的重要标志，也是青少年走向成熟的必修课。

3. 不要一味地认为老师偏心或不喜欢自己。

要学会主动去接近老师，表达自己想和老师沟通的愿望和沟通的内容。只有试着与老师沟通才能从老师的言谈举止中判断老师对自己到底是不是有偏见。很多情况很可能是做学生的越主动，越能引起老师的注意，增加老师对自己的了解，这样老师就愿意与自己交流与沟通了。

4. 保持对老师的真诚。

青少年在与老师相处时，一定要保持一颗真诚的心。“真诚是一笔无价的财富”，所以，在和老师进行交流要真诚面对，建立自己的信用，你对老师的真诚，必然会得到老师的尊重和真诚。

青春日记

青春就像一朵艳丽的花儿／婀娜多姿／青春就像那蓝天上的白云／天真无暇／青春有限／定要珍惜／何为青春／是那自由奔放的滔滔江水？／是那广阔无边的大海？／我想不是／青春是杯浓咖啡／虽可以使人精神为之振奋／但仍不免有丝丝的苦涩／青春是一株无名的小草／它虽不怎么起眼／却经得起风吹雨打／青春是一把未开锋的宝剑／只会越磨越利

……

让人无法忘记／我赞美青春／是因为我拥有／我歌颂青春是因为它的美好和短暂

第五章

改正行为——我们都是好孩子

“我们都是好孩子，最最善良的孩子，相信爱可以永远啊……”

俗话说：“浪子回头金不换。”做错了事情不要紧，重要的是有一颗悔过的心。如果真心认识到自己的错误，不论什么时候，都不要觉得晚，也不要总是活在别人的眼光下，只要你真正“回头”了，改过了，时间会帮你证明一切，身边的人也会因此而对你改观。

端正自我，抵制诱惑

青少年期是指满14周岁到不满20周岁这一时期，是从幼稚走向成熟的一个过渡期，处在儿童后期，是少年与青年相交的一个阶段。正处在一个充满活力、朝气蓬勃的时期，此时青少年也开始由幼稚走向成熟，由家庭迈向社会，是一个巨大的转折时期。这一时期的青少年是社会关注的重要群体，据专家统计，就我国目前的情况来说，这一时期大约15%的中学生心理不健康。

在我们的生活周围，经常会发生一些令人惧怕的事情。比如少数青少年出现寻衅滋事、诈骗、偷窃、抢劫、吸毒、拉帮结派等严重不良行为，这些都是很令人痛心的。作为青少年，要端正自我，抵制诱惑。

§ 端正自我

青少年王刚在15岁的时候认识了一些不好的社会青年，跟着这些青年他学会了打架、上网、抢劫，甚至吸毒。由于抵制不住诱惑，他每天注射两次毒品，最后越吸越厉害，每天要用160元买毒品。家长不给就骂，或者出去抢，母亲为了想方设法给他治病戒毒，几乎跑遍了上海的戒毒机构，还跑了几家医院，由于他吸得特别厉害，戒毒所和医院都不敢收，母亲说："能不能给他特设一个病房呢？毕竟他的情况太特殊了。他这么小，再这样下去，他只有死路一条。"最后，医院勉强收留了他。

王刚，从15岁开始吸毒，就像一朵鲜花在刚刚绽放的时候就被毒魔无情摧折。如果家长、学校、社会能让他早早认识到毒品的极大危害性，在他走出第一步时就及早把他拉回来，如果王刚能够端正自我，抵制诱惑，就不会有惨痛的今天。

青少年染上坏习气，造成吸毒，不外乎是好奇、恶友怂恿、激将、遭遇挫折等原因，一开始可能是好奇玩玩的心理，上瘾后几乎必然走向静脉注射而不能自，拔。另一方面，独生子女心理承受能力过于脆弱也是导致青少年变坏的一个因素。我们只想告诉青少年朋友，生命是自己的，一定要珍惜自己，端正自我，抵制不良的诱惑。

§抵制不良诱惑

青少年要想抵制不良诱惑，要注意以下几个方面。

1. 正确把握自己的好奇心，不要让好奇心毁了自己。每一个青少年都有好奇心，对于没有体验的东西，总有一种跃跃欲试的愿望，但是一定要明辨是非，正确把握好奇心。比如，面对毒品，因为好奇开始第一口，就会陷入难以自拔的困境。调查表明，因为好奇染上毒瘾的，第一次占62.3%，第二次占52.7%。“一日吸毒，永远想毒，终身戒毒”，几乎所有吸毒者初次吸毒，都是毒贩或其他吸毒人员“免费”提供毒品，过后毒贩再高价出售毒品给上瘾的青少年。毒贩就是利用青少年的无知、好奇，引诱青少年吸毒。因此，青少年一定要自觉抵制不良的东西。有些东西心知肚明地知道那是不对的，就不要因为好奇而去尝试，应该用自己的克制力抵制不良诱惑。

2. 培养自己良好的生活习惯。良好的生活习惯对于青少年来说是很重要的，可以促进青少年健康成长，幸福生活。有关调查表明，有不良行为习惯的青少年更容易被诱惑，从而走上不归之路。对青少年来讲，要拒绝一切不良行为，要在平时学习和生活中养成良好的行为习惯，杜绝不良嗜好，培养坚强的意志品质，抵制不良的诱惑。

3. 面对挫折，要正确对待。青少年在学习与生活中可能会遇到一些挫折，比如考试成绩不理想、和朋友吵架分手、家庭生活遇到困难等，青少年要提高心理承受能力，正确地面对这些挫折。为了摆脱烦恼和忧愁，减轻心理压力，可以试着和父母、老师、同伴沟通或者听听音乐，参加自己喜欢的有益活动，分散自己的注意力，排解烦恼，顽强地战胜困难，千万不要逃避、妥协，绝对不要染上坏的习气，不能用不良行为来麻醉自己。一定要有坚定的意志，抵制不良诱惑。

4. 交友要慎重。中国有句古话说得好，“近朱者赤，近墨者黑”，一些青少年在选择朋友时没有正确的标准，讲所谓的哥们儿、姐们儿义气，没有自己的主见和立场，盲目地从众，在虚荣心的驱使和同伴的影响下，很容易染上坏的习气。一些不良分子为了拉人下水，千方百计和你交朋友，想尽一切办法和借口来诱惑你，这时你不能盲从，要认清好坏；要有自己交友的原则。

5. 珍爱生命，树立正确的思想。生命对每个人来说只有一次，生命不仅属于你自己，而且还属于你的父母、亲人，属于国家社会，如果你一旦沾染不良习气，就有可能走上不归之路。因此，作为青少年，一定要珍爱自己的生命，抵制不良诱惑。

青春日记

“轻轻地打开背包发现我的行囊，是一本年轻的护照，通过了成长的骄傲投入另一个天涯海角。”每个人只能年轻一次，这一次只会有几年或十年的光景，如果跨过这个青春，将不会再拥有。无论成长的路程有多长，沿途的风景是如何让人流连忘返，你都得离开，离开之后就再也回不去了。因此，要珍惜自己的青春。

自觉不做“烟民”

现在社会上对青少年吸烟尤为重视。现在有不少的青少年存在一种想法，他们认为吸烟是一种时髦，是男子汉的象征。青少年有很强的好奇心，他们认为自己正向着成年人的方向发展，喜欢仿效成年人的一举一动，想像成年人一样亲身体会一下吸烟时悠游自在、吞云吐雾的感觉。他们认为自己的成熟行为会吸引更多异性的目光，在社会环境及恶劣的风气的影响下，沉迷于这种玩乐的生活，自甘堕落，影响学习和生活的正常进行。

§ 吸烟很时髦吗？

赵某的烟瘾很大，每天至少要抽 2 包烟，而且经常让孩子给他买。有一天，赵某的爱人翻动孩子书包时，无意中看到一堆书本中藏着一支烟嘴和已抽剩半盒的香烟。夫妻俩大吃一惊，马上找儿子质询。12 岁的儿子若无其事地表示，香烟是自己用零花钱在楼下食杂店买的。盛怒之下，赵某找到店家理论。店主承认，烟是自己卖的，但是，店主表示他儿子来买烟时说是给爸爸买的。后来，赵某找孩子沟通了解到，孩子是看着爸爸整天吸烟，他也想模仿，觉得燃起一根香烟吞云吐雾很时髦。

吸烟并不时髦，烟草严重危害人们的身心健康，对青少年的骨骼发育、神经系统、呼吸系统及生殖系统均有一定程度的影响。由于青少年时期各系统和器官的发育尚不完善，功能尚不健全，抵抗力弱，与成人相比吸烟的危害就更大。此外，由于青少年呼吸道比成人狭窄，呼吸道黏膜纤毛发育也不健全，因此吸烟会使呼吸道受损害并产生炎症，增加呼吸的阻力，使肺活量下降，影响青少年胸廓的发育，从而影响青少年整个身体的健康发育。

烟草中含有大量的尼古丁，这些尼古丁会损害青少年的脑神经，使青少年记忆力减退、精神不振、学习成绩下降。调查发现，吸烟学生的学习成绩比不吸烟的学生低。此外，青少年正处在性发育的关键时期，吸烟使睾丸酮分泌下降 20% ~ 30%，使精子减少和畸形；使少女初潮期推迟，经期紊乱。青少年吸烟还会使冠心病、高血压病和肿瘤的发病年龄提前。吸烟年龄越小，对健康的危害越严重，15 岁开始吸烟者要比 25 岁以后才吸烟者死亡率高 55%，比不吸烟者高 1 倍多。作为青少年，要认清吸烟的危害，自觉不做“烟民”。

父母是孩子最好的老师，如果家长有了吸烟嗜好应戒烟，做孩子的表率，并且应对孩子讲解吸烟的危害，让孩子了解什么才叫行为美，因为这个时期是孩子能否养成良好行为习惯的关键时期。世界上许多国家在制定吸烟干预计划时，都把对青少年进行反吸烟教育作为重点，我国也制定了“控制吸烟——从青少年抓起”的政策，因此，家长要注意正确引导孩子。

§ 远离烟草

青少年要想远离烟草，就要注意以下几个方面。

1. 不要尝试。青少年刚刚步入青春期，往往在心理上产生成人感，觉得自己已经不再是小孩子了，同时对各种事物充满好奇，凡事都想试一试。不少吸烟的家长未重视自身行为给孩子的影响。无意中轻率地流露出“成年才可以吸烟”的思想，不少青少年在这种心理驱使下，把吸不吸烟当作是否成熟的标志，开始模仿成人吸烟。青少年要对此有正确的认识，对烟草不要尝试。

2. 形成正确的思想。在当前社会风气影响下，有些人为了办事顺利，联络感情，以烟引路，烟酒不分家。这种风气对青少年的影响十分明显。一些青少年会认为，烟可以使人产生亲近感，减少陌生，提高办事效率。还有一些青少年崇拜影视剧中明星的吸烟镜头，认为吸烟时髦、潇洒，盲目追求、模仿。有的女生认为，男生抽烟的姿势好看，给人一种成熟洒脱的感觉。不少男生在这种心理暗示、鼓励下，为赢得女生好感而吸烟。在当今商品社会影响下，大款们摆阔气、讲排场，一些有经济背景的青少年在人际交往中通过烟的档次来抬高自己的身价。这种思想与行为是错误的，青少年要多读好书，多和家长交流，要树立正确的思想，不要让不良的思想侵入自己的内心。

3. 用正确的方法解愁。青少年往往涉世不深，社会经验不足，但又对社会有着较高的期望值。面对纷繁复杂的世界，难免遭受各种心理挫折，出现心理失衡。在这个时候，青少年要用正确的方法来解愁，不能用烟来麻醉自己。

4. 对烟要有正确的认识。现在有些青少年错误地认为抽烟能提神，能消除疲劳，有利于脑力劳动，因而在学习紧张或思考难题时借助吸烟提高学习效率。这种认识是错误，青少年要明白什么是对，什么是错，对烟要有正确的认识。

青春日记

没有雨季的滋润，就没有花季的灿烂；走出了泥泞的雨季，呈现在眼前的便是鸟语花香、阳光明媚的未来；走出花季的迷途，迎接灿烂的明天。

自觉不做“酒鬼”

青少年正处在生长发育时期，各生理系统、器官都尚未成熟，其对外界环境有害因素的抵抗力较成人弱。如果青少年喝酒，不仅损害身体的正常生长，还会损害大脑，使思维变得迟钝，记忆力减退，影响学习，使学习成绩下降。此外，青少年饮酒一旦成瘾，难以自拔，就易导致争斗，或为支付烟酒费用而发生偷窃、卖淫等，危害社会和个人，因此青少年一定不要染上喝酒的坏习惯。

§ 认识饮酒的危害

伟伟年幼其母病亡，其父忙于生计无暇照管他，伟伟在学校学习也不好，经常出去玩耍，终日跟着几个“大哥”身前身后地当起了小弟。后来又认识了一位做餐饮生意的“大哥”，这个“大哥”常常请他喝酒，时间一长，伟伟有了酗酒的习惯，每天不喝点酒就觉得不舒服。之后，酒成了伟伟生活中最好的“朋友”，严重地影响了他之后的成长。

例子中的伟伟也许像一部分青少年一样，在不知不觉中，对酗酒毫无戒备，但长此以往染上了隐，戒除却并不容易。青少年对酗酒的危害还没有深刻的认识，起初也许是好奇，也许是为了所谓的面子，但发展到最后却使自己无法离开它们。对此，学校的老师与家长则应及早地教导青少年，正确认识它们的危害，当这些不良习惯来临时又该如何抵制，这样青少年就能在良好的环境中健康成长。

§ 饮酒对青少年的危害

1. 饮酒严重危害青少年的身体健康。酒里含有一种麻醉剂，影响中枢神经系统，导致一些疾病的发生，酒精还会使人早衰。青少年正处于生长发育时期，各个组织器官的发育尚未完善成熟。而饮酒对正常的生理功能及发育会带来严重影响，酒精能使生殖器官的正常机能衰退，如果经常饮酒，会使性成熟的年龄推迟 2 ~ 3 年。青少年的食道黏膜细嫩，管壁浅薄，经不起酒精的刺激，可引发炎症或使黏膜细胞发生突变等一些疾病。同样，胃黏膜也比较嫩，酒的刺激可以影响胃酸及胃酶的分泌，使胃壁血管充血而导致胃炎或胃溃疡的产生。酒精进入人体后，要靠肝脏来解毒，而青少年的肝脏分化尚不完全，肝组织较脆弱，饮酒会给幼嫩肝脏难以胜任的负担，这样一来，破坏了肝的功能，就会引起一些肝脏疾病。另外，饮酒还会导致青少年体内的营养素缺乏。

2. 饮酒影响青少年学习。青少年时期正是学习的好时期，这个阶段应该集中精力，好好学习。但少数学生模仿大人，在生日聚会或外出郊游时开怀痛饮，甚至划拳猜令，喝得东倒西歪，日久产生酒瘾，整天琢磨喝酒，寻求酒精刺激。如果长期饮酒，容易刺激脑神经，导致头痛、头晕，还会使青少年注意力无法集中，情绪不稳定，记忆力、判断力下降，智力减退，从而严重影响学习成绩。

3. 饮酒诱发青少年违法犯罪。青少年正处于学习时期，是个纯消费者，没有什么经济收入，有的青少年为了喝酒，采取骗、偷、劫等非法手段获取金钱，从而导致违法犯罪，走上不归之路。

§ 不做酒鬼

既然已经明白了饮酒的危害，那么青少年就要拒绝做酒鬼。要想做到不喝酒，青少年要注意以下几个问题。

1. 不要觉得好玩、新鲜，就争先恐后地跟帮喝酒。要明白，跟帮尝试并不是什么好事，这如同踩着人家的脚印走路一样，最后也掉入泥泞之中。为什么明知别人有错，还按着错路走，而不去开辟一条正确的新路径呢？尝试固然好，但也要分清是非黑白，不要盲目尝试，避免让自己走上不归路。

2. 不要产生“有人请客，不喝白不喝”的心理。这种可能性虽然不是太大，但是你要明白，有人请你做不利于你身心健康的事，你为什么还要贪占这种小便宜呢？这只会让你付出更高的代价。

3. 不要错误地以为会喝酒就是很有“风度”。作为青少年要明白，会喝酒并不时髦，还是一种不良行为。喝酒是要不得的，如果你真想有“风度”，也不要采取这种方式，避免毁了自己。

4. 不要跟着家长学。有些家长们不以身作则，总是喝酒，让青少年也染上了这种习气。作为青少年，要有自我控制的能力，要明白什么该学，什么不该学，为了自己健康快乐地成长，不要跟着家长学喝酒。

5. 要对酒有一个正确的认识。酒是我国的传统文化，人们是十分重视“品酒”的。可青少年如果拿酒当白开水似地喝，就会伤了身体，会使青少年本身就不发达的脑神经麻痹，还会给青少年心灵留下创伤。因此，青少年要对酒有一个正确的认识。

青春日记

青春是人生的黄金时代，青少年时期被称为如花的季节、如歌的岁月。青春美丽动人，却又有迷茫和彷徨相伴；青春航线壮阔广袤，但有时也许会遇到风浪，触到礁石。青春如歌，在于它诗一般的年华：春天的花，夏日的星，秋夜的月，冬时的雪。在成人看来，青少年生活在诗情画意的岁月里，感受着甜美的日月轮回。

尽可能远离色情作品

色情文化的泛滥对青少年有很不好的影响，导致青少年性犯罪率逐年提高。所谓色情文化是指借助语言、文字、图像等工具表现“性作为”事件，过度宣扬性欲和性快感，不正常地激起人们的性需求，足以导致普通人腐化堕落，而又没有艺术价值或科学价值的文化糟粕。当前，色情文化的泛滥已经严重影响到社会文化的走向，影响到物质文明与精神文明建设的健康发展，更对青少年性犯罪起到了推波助澜的负面作用。作为青少年，一定要洁身自好，尽可能远离色情作品。

§ 认识色情作品的危害

刘某是一名高中生，他平时喜欢上网，总是沉迷色情作品。时间一长，受网上色情内容的诱惑，他一直想在现实生活中亲身体验一下。有一次，在一个胡同口他看到一个女士独自骑车外出，他就冲过去将女士撞倒，持刀将她挟持到路边玉米地里，抢走了她身上的现金和手机。然后，他持刀逼女士脱衣服，女士最后跳入河里才得以逃脱。后来刘某被警方抓获。在警方询问中，刘某承认，为了弄到上网的钱，他想到了抢劫，并把目标瞄向了单身女性。抢劫成功后，他便急于发泄长期被网上淫秽色情信息挑起的欲望，于是他又迈出了罪恶的另一步，企图强奸已经被他洗劫的女性。

由于沉迷于网上的色情作品，刘某付出了惨重的代价。网络色情是导致许多性犯罪的重要原因之一。因为网络淫秽色情内容对未成年人的刺激，会造成他们的兴奋转移，把网上的色情意念转移到现实生活中，寻找现实中的性伙伴，这就形成了不健康的两性关系。而在寻找性伙伴的过程中，由于异性的不从，很有可能导致犯罪，从而走上不归之路。

色情作品对青少年健康有很多危害，主要表现在以下几个方面。

1. 色情作品影响青少年思想道德修养水平的提高。现在许多色情图片、电影等，其所宣扬的是个人主义、享乐主义，与青少年思想道德建设背道而驰，而青少年思想道德正处于形成时期，此时接触色情作品很容易受到不好的影响。另外，网络色情多含不正当的性关系、性变态等内容，而青少年的性道德观根本没有形成，网络色情严重歪曲正常的性道德，必使青少年的性道德与正常的性道德严重的不一致，从而，青少年就无法正确认识性，也不能判断是非，严重影响道德水平的提高。

2. 色情作品影响青少年身心健康。青少年正处于青春期，看了色情作品，生理上一时难以接受，有可能会以手淫来解决生理需要。这样一发不可收拾，一个星期要手淫几次，严重影响身体健康，而且精神负担越来越重，自责、焦虑、恐惧，甚至有绝望感，身心健康严重受到了影响。

3. 色情作品严重影响青少年的正常学习。色情作品具有很大的诱惑力和刺激性，而青少年正处于学知识的重要时期，接触色情作品往往使其不能集中精力学习，影响学习成绩。

4. 色情作品使青少年走向犯罪。进入青春期的青少年，性机能发育逐渐成熟，但是，青少年的性道德的形成往往落后于性机能发育的成熟，色情作品的影响很容易使判断能力差、求知欲强、好奇心强且喜欢模仿的青少年放肆地追求性刺激，于是，他们采取简单而极端的手段，对女性进行性侵犯，最后走上性犯罪之路。

5. 影响青少年以后的婚后生活。一些婚姻危机者，他们好像都有比较严重的心理问题，如性恐惧、性冷淡、早泄等。这些人都与他们青少年时期受色情作品影响有关。

§ 远离色情作品

青少年要想远离色情作品，需要注意以下几个方面。

1. 青少年处于人生的关键时期，这个时候，青少年的世界观、人生观、价值观还处于形成阶段，尚未成熟，最大的特点就是具有很强的好奇心理和叛逆心理，对自我之外的一切都感到好奇，对非自我决定的一切指令都普遍抵制。因此，青少年要注意增强自己的鉴别能力、是非善恶判断能力、自我控制能力和自我保护能力，不要受外界不良因素的影响。

2. 在必要的时候，要去听一听青春辅导课，对性有一个正确的认识，要树立自己正确的性认识和性观念。

3. 现如今的网络已成为最大的色情供应渠道，一些色情网站为了增加浏览人数，往往用一些巧妙的名字，引人误入陷阱。这时的青少年正处在青春发育期，性生理迅速发育，其性心理还处在发展阶段，对性知识充满了好奇，而网络或多或少会使他们获得一些不健康的性知识，并产生性冲动。由于家长的忌讳和学校性教育的缺乏，从而致使青少年的性知识教育跟不上他们的发育需要，如此一来，网络上丰富的色情资源乘虚而入，让许多青少年迷恋其中，欲罢不能。因而出现一些不健康的性心理和行为，损害其身心健康，更有甚者会造成犯罪，从而酿成不可弥补的后果。因此，青少年在平时要少上网，少看电视，给自己提供一个优良的学习环境。学习环境净化了，就不容易接触色情作品。

青春日记

青春是泪，是不断的扑向、扑向，扑向着的恋情。青春的扑向，仿佛有过不完的岁月，等到过了青春，只能扑向空中，趁那说一声：啊，我的青春……

向赌博说“不”

赌博是一种用财物作注争输赢的行为，是一种十分普通也十分常见的不良行为。虽然国家严格禁止任何以营利为目的的赌博行为，但是，在青少年中还是有许多人有这种不良的行为，这严重影响了青少年的健康发展。

§ 赌博是一种不良的行为

16岁的李某平时喜欢赌博，没事经常和一些同学在一起玩。有一次，李某因为欠同学赌债50元，加上欠书钱80元，对方向李某下了通谍，让他在一星期之内必须还清130元，否则要打伤他。李某感到害怕，自己没有经济收入，无钱还，也不能问父母要，他实在想不出什么办法，于是他铤而走险，在限期前一天的下午，来到舅妈家中，想用刀威胁舅妈拿出钱来。他用电工刀刺向毫无防备的舅妈，又杀气腾腾用刀刺向年仅3岁的表妹，由于舅妈拼命呼救，李某仓皇逃走，过了几天，李某被警察抓回。就这样害了自己，走上了不归之路。

赌博是一种不良的行为，青少赌博的不良现象主要表现在以下几方面。

1. 参加赌博的青少年越来越多。不管是在乡村还是在城市，赌博像一阵飓风把数以万计的青少年卷了进去。在中学里，不仅有一些差生参加赌博，而且连个别表现较好的学生也偷偷地参加赌博。有的青少年在家里大模大样地坐在牌桌前洗牌、砌牌和打牌，有的父母竟然在背后指手画脚，好像赌博是很正常的事情。

2. 青少年的赌博场所和赌博方法非常多。有许多不法经营者在游戏厅、溜冰场等娱乐场所设有赌博，如老虎机和跑马机等，以新奇的形式来吸引青少年，从中获取利润。青少年赌博与成人不一样，他们不计场所，三三两两找一个背人的地方就可以赌起来，至于赌博的手段，除了麻将、扑克、骰子、牌九等外，还有玩烟牌、弹奇多圈、博金卡、博眼子等。

§ 向赌博说“不”

青少年赌博的危害性是很大的。青少年要充分认识赌博的危害性，向赌博说“不”。赌博的危害性主要表现在以下几个方面。

1. 赌博导致青少年学习成绩差。如果青少年喜欢赌博，就会利用自己的学习和休息时间来赌博，这样一来，会严重影响学习成绩。大量事例证明，参与赌博的青少年都会有不同程度的学习成绩下降，而且陷入赌博活动的程度越深，学习成绩下降得就越严重，甚至有的青少年因此辍学。

2. 赌博导致青少年犯罪。许多青少年违法犯罪都与赌博有关。青少年赌博不但时常引起打架和偷窃事件，而且严重的会酿成伤害、凶杀等犯罪案件。所以，犯罪学家常常把青少年赌博看作是青少年违法犯罪的一个重要诱发因素。

3. 赌博影响青少年身心健康。由于赌博活动的结果与金钱、财物的得失密切相关，所以迫使参与者要全力以赴，精神高度紧张，精力消耗大。经常参与赌博活动会诱发严重的失眠、精神衰弱、记忆力下降等症状。同时，还会严重损害心理健康，造成心理素质下降，道德品质也会下降，社会责任感、耻辱感、自尊心都会受到严重削弱，这势必影响青少年的身心健康。

4. 赌博会使青少年把人和人之间的关系看成赤裸裸的金钱关系，逐渐成为自私自利、注重金钱、见利忘义的人。赌博毒害青少年的心灵，赌博活动易使青少年产生好逸恶劳、尔虞我诈、投机侥幸等不良的心理品质。赌博习惯较难改，长大后可能成为赌棍或职业赌徒。此外，经常赌博还会沾上吸烟、饮酒、偷窃、说谎、打架等坏行为。对青少年的成长没有丝毫好处。

青春日记

有一首诗最为动人，那就是青春；有一段人生最美丽，那就是青春；有一道风景最为亮丽，那就是青春。青春是生命赐予我们的礼遇，它时刻充满着期待与幻想，充满着追求与斗志，充满着希望与信心。

第六章

正视网络——相信明天会更好

“唱出你的热情伸出你的双手，让我拥抱着你的梦，让我拥有你真心的面孔，让我们的笑容充满着青春的骄傲，让我们期待明天会更好……”

网吧作为新时代的产物，令众人着迷，对青少年的影响更为严重。网吧的适应面积较为广泛，男女老少皆宜，而其内容相较于电子游戏室也是丰富多彩。但它对人们的危害性丝毫不亚于电子游戏室，甚至有过之而无不及；而它对于青少年的危害则更为突出，因为泡网吧者多为青少年。

然而，网络是应当为人类服务的，它本身是十分有益的，只是青少年对待它的态度错了。青少年只有正确地认识网络，从迷幻中走出，才能拥有更美好的明天。

人类创造网络是为了全人类的发展而非退步

网络为青少年带来了很多不良影响，没有经过筛选的信息资源良莠不齐，在各种信息、观点自由表达的网络上，个人主义、利己主义和实用主义等西方价值观，拜金主义、享乐主义、追求奢侈等腐朽生活方式以及注重感官刺激的庸俗情趣，乘信息大潮汹涌而来。这些都严重影响着青少年的健康成长。但是网络是一把双刃剑，大量的网络信息为青少年的学习提供了丰富的资料，开拓了青少年的眼界，极大丰富了青少年的学习方式、生活方式和课余生活。

网络是20世纪末最大的发明，它和19世纪末发明的电话一样，为人类的沟通与交流做出了巨大的贡献。

§ 网络，利大于弊

在上篇中我们了解了很多网络的弊端，但是我们不能否认自从人类有了网络以来，人们的生活就发生了天翻地覆的变化，使得信息的传播更加便捷，生活的节奏更加快捷。人类创造网络是为了人们的生活更加美好，网络对人类的贡献不容忽视。总体看来网络在生活中的作用利大于弊。

21世纪的青少年从小就在网络的影响下生活，虽然网络为青少年带来很多不利的影响，但是我们也不能忽视网络为青少年带来的好处。在网络冲浪中，很多青少年体味着生活的乐趣。那么青少年在网络中能得到什么好处呢？

1. 增加与外界交流的机会

网络世界是一个虚拟的世界，但是当你将这个虚拟世界建立在现实的基础上，那么网上的交流是非常有用的。因为通过网络可以更加方便、更加快捷、更加广泛地建立人际关系。网络突破对外交流的时空限制，实现交流、交友的自由化。每个人都很渴望与人交流，而有时有些实实在在的交往可能会给青少年特别是性格内向的人带来压力，网络则给了青少年一个新的交流空间和相对宽松、平等的环境，增加青少年与外界交流的机会。

2. 获得更多的信息资源

如今任何一种信息传播方式的速度都无法与互联网相提并论。互联网的无障碍沟通、信息资源的无国界共享等特性，彻底打破了传统的条块分割和信息独占的理念，青少年在网上可以随意获得自己的需求。在网上浏览世界，认识世界，了解世界最新的新闻信息、科技动态，不仅极大地开阔了他们的视野，同时也给学习带来了便利，为生活增加了乐趣。

3. 发展自己的个性

互联网对个性的限制相对来说较小。网络自主性可以让你成为积极主动的信息寻求者，网络开放性可以让你在网上表露自己真实的想法，它的包容性可以接受你在网上发表的任何观点，网络多样性可以让你在网上充当不同的角色。青少年还可以利用网络学习、研究、创新，进一步发展自己的个性。

4. 拓展受教育的空间

以前接受教育往往受到空间的限制，在研究性学习过程中，青少年通过互联网找到相关资料，网上学校、远程教育突破教育的时空和地域限制，不再只单一从学校课堂上获得知识，从而也改变单一课堂教育模式。

尽管网络存在着弊端，但是只要好好利用，对于青少年来说一定能够利大于弊。青少年是未来祖国的建设者，是明天的未来，信息在以后各项工作中发挥的作用将越来越大，网络作为一个重要的信息来源将更加重要。因此对于青少年来说，应该正确、合理地利用网络。

§让网络促进人类的发展

电脑网络已经进入了千家万户，成了人们生活中不可缺少的一部分。面对着冰冷的屏幕，总想敲打键盘，给自己留下点什么。对于青少年来说，都想留下一些好的东西。那么青少年不妨利用网络做些有意义的事情，让网络成为人类进步的催化剂。

对于网络，有人用五个“无限”来形容，在网络中可谓“无限的资源、无限的点击、无限的探索、无限的学习、无限的发展”。互联网的迅速普及和发展，逐渐渗透到人们生活学习工作的方方面面，极大地改变了人类生活及思维方式，它为人们的学习、工作和日常生活提供了诸多的便利，使得很多原来难以完成的事情只要通过鼠标轻轻一点就可以完成。天南海北的朋友同学，无须鸿雁传书，只需各自坐在电脑前连接网络就可以传情达意；写论文不一定要到图书馆中查找厚厚的书籍，电子书的发展，数据库的出现，图文资料的查找让我们轻松了许多；在学校中没有电视，但天下资讯还是一览无余，可谓一网打尽。青少年有着很强的接受能力，正是网络用户的大军。

青少年时期正是学知识长见识的重要时期，只有在这一重要阶段接收更多有用的知识，才能担负起以后的重任。网络是学习的一个重要资源库，青少年应该好好利用，让网络为人类的发展做出重要贡献，不要使得人类文明退步。

青春日记

全国青少年网络文明公约

要善于网上学习，不浏览不良信息；
要诚实友好交流，不侮辱欺诈他人；
要增强自护意识，不随意约会网友；
要维护网络安全，不破坏网络秩序；
要有益身心健康，不沉溺虚拟时空。

“泡网吧”不如“泡书屋”

网吧和书屋是两个不同的场所，对于青少年来说，应该更偏向于哪一个呢？

如今，“泡网吧”似乎成了现代青少年的一种时尚，成为很多人攀比的对象。他们沉浸在网吧中，迷恋网络游戏，迷恋色情小说……这严重影响了青少年的健康成长。在沉浸网吧的同时，很多青少年都忘记了学习是自己的第一任务，从不沉下心来做自己的作业，更没有心走进书屋畅游书海，把“书中自有黄金屋，书中自有颜如玉”的古训抛在了脑后。

§“泡网吧”严重危害着青少年

2005年农历大年三十，在这个合家团圆的日子里，张向东夫妇和他们的亲友穿梭在城市的大街小巷，原来他的儿子离家出走了，而且是偷拿了家里的6000元钱出走的。

张向东的儿子叫军军，今年14岁，在某中学上初二。张向东说军军从刚上初一时就迷恋上了上网聊天、打游戏。他想孩子的出走一定与上网有关。

事情的经过是这样的：2005年2月4日下午，张向东夫妇下班回家后，发现自家的写字台被撬开了，里面放的准备置办年货的6000元现金没有了。就在他们拿起电话准备报警时，张向东发现了一张压在电话机下的字条。字条上面歪歪扭扭地写着：“爸妈，我知道我对不起你们，请你们不要生气。我借钱是有急用的，以后会还给你们的。”署名军军。看过字条，张向东夫妇顿时像挨了当头一棒，浑身一软瘫坐在了沙发上，相互对望着。他们怎么也不敢相信这一切是真的。事情紧急，张向东立即发动亲友们帮他找孩子。整整找了一夜，他们没有获得一丁点儿有关孩子的消息。就这样，张向东夫妇开始了他们的漫漫寻儿路。

他们每天只是翻来覆去睡上3个小时，起床后就骑上自行车满街穿梭，顾不上吃饭、顾不上歇脚。转眼到了年三十，张向东再也隐瞒不住自己的父母了。父母得知情况后，双双病倒了。这无疑是雪上加霜，张向东夫妇除了寻找儿子，还要照顾二老。“那几天简直就快疯了，骑着自行车动不动就思想抛锚，有几次差点被车撞了。”张向东说。“我就担心孩子出什么事，那种揪心的痛真是没法形容呀！”张向东的妻子说。

时间一天天过去，张向东夫妇的眼窝越陷越深。

也许是上天被感动了，经过半个月的寻找，2月19日晚上，张向东接到朋友打来的电话，说是在某个街上看见一个小男孩，特别像军军。

接到消息，张向东夫妇立即打了辆出租车赶到了朋友所说的地点，在一家路边的小吃摊上找到了面黄肌瘦、眼圈发黑的儿子。

军军回家后，口袋里只剩下了2000多元钱。他自己说，其他的都用于上网打游戏，和网友见面了。出走的这些日子，他几乎都是在网吧度过的，饿了从网吧买包方便面，渴了买瓶饮料，困了就躺在沙发或趴在桌子上将就将就。

泡网吧使军军忘记了学习，使军军忘记了日夜奔波的父母，使军军忘记了年迈的爷爷奶奶。网吧的生活使军军面黄肌瘦，不仅影响了学习，也严重影响了自己的身体健康。因此，对于青少年来说，泡网吧是一件非常有害的事情，青少年要远离网吧，做一个积极健康向上的人。

§ 走进书屋，忘记网吧

青少年应该远离网吧，这点已经是不容置疑的话题。但是青少年为了美好的明天，应该为自己找一条通向知识的途径。

农夫为理想走向田野，蜜蜂为理想飞向花海，青少年为了理想，现在应该获取更多的知识，应该让自己自然从容地走进书屋，沉浸于别人的世界里，比照自己，鞭策自己，让自己从中获取成功的道理。走进书屋，与书对望，大千世界跃然纸上，芸芸众生纷至沓来，在书海中实现“书中自有黄金屋，书中自有颜如玉”的美好愿望。书似青山常乱叠，置身它博大的胸怀，你的思绪便如野草般疯长和蔓延，撩起喷泉般的力量和创造，倍感生命诚可贵，知识价更高。

书屋里没有喧嚣，没有吵闹，自有一种“结庐在人境，而无车马喧”的意境。在书屋里，没有网吧的烟雾缭绕，没有网吧的吵杂，没有网吧的色情演绎，没有网吧的打打杀杀，有的只有一种心平气和的境界。

青少年应走进书屋，去知识的海洋畅游，去获取知识的宝藏。古人云：士大夫三日不读书则面目可憎。人生如旅，刻不容缓，走进书屋，你便走近了生活的充实。

青春日记

所有的结局都已写好／所有的泪水也都已启程／却忽然忘了是怎么样的一个开始／在那个古老的不再回来的夏日／无论我如何地去追索／年轻的你只如云影掠过／而你微笑的面容极浅极淡／逐渐隐没在日落后的群岚／逐翻开那发黄的扉页／命运将它装订得极为拙劣／含着泪我一读再读／却不得不承认／青春是一本太仓促的书

让电脑成为学习的工具

近几年来，电脑已经进入了千家万户，成为家庭生活的必备用品。但是在这样优厚的条件下，很多青少年并没有很好地利用电脑，而是把电脑当成了游戏的工具。电脑能同时呈现文字、图像、声音、色彩等信息，也具有动画、播映、绘画等功能，是现代社会青少年学习的一种重要工具。其实电脑可以成为青少年学习的最好工具，很多要了解的知识在电脑中都可以声色并茂地展示在眼前。

§ 学习中充分发挥电脑的作用

相对传统媒体而言，多媒体电脑是一种很好的学习工具，不仅能促进青少年智力如想象力、理解力、记忆力、思维能力的发展，还能促进青少年非智力因素如兴趣、意志、动机等方面的发展。国外有关报告显示：使用电脑的青少年和仅接受传统教育的同龄儿童相比，在学习上进步较快。他们认为，让青少年接触电脑，有利于智力开发和增强对新技术的适应性。

我国最近的资料表明：按年龄划分，10～14岁青少年使用电脑比率最高，达到98.8%，也是绝对率增长最快的年龄组；其次是15～24岁，普及率达到97.2%；25～34岁年龄组中，普及率达到84.1%。在55～64岁年龄组中，使用电脑比率从2000年的6.6%，增长到2005年的20.5%，即每5人中就有一人使用电脑。

由此可见，电脑在青少年的生活中扮演着不可或缺的角色，成为生活学习的一个重要组成部分。

作为一名青少年，应该充分发挥电脑的积极作用，利用电脑查阅资料，搜索信息，增加与外界的交流，发展自己的个性，完善自我。在青少年时期，充分利用电脑会为自己的明天铺设一条黄金大道。

§ 让电脑成为学习的工具

电脑在青少年的学习生活中不容忽视，那就让我们消除电脑在生活中的不良影响，让电脑成为学习的工具。

1. 注重电脑的应用

电脑是人类的智力工具，青少年应该尽早掌握这个工具。在使用电脑的过程中，应该主要把电脑作为工具，用电脑学习写字，用电脑学习音乐，用电脑学习画图，以及用电脑学习数学、语文、自然、英语和其他科学文化知识，丰富课外知识，并利用电脑开发智力和培养创作能力。

2. 开发青少年的信息素质

目前分数已经不是评价一个人的唯一标准，知识信息的拥有量是一个人是否是人才的主要标志。在信息社会，知识量的急剧膨胀使得一个人不可能拥有全部知识，大量信息的存储、检索极其方便，使得博闻强记已经不很重要。相反，如何利用现有知识、创造新的知识，如何利用、检索、加工复杂的信息则更为重要。在生活中，电脑已经成为是人们获取信息的一个重要渠道，青少年应该利用好这个渠道，来开发自己的信息资源。

作为青少年，应该让电脑成为我们学习的工具，让电脑成为除课堂外学习的另一种渠道。青少年应该学会电脑的基本操作，学会从网上查询对自己有用的信息。青少年要树立电脑教育观念，学会使用电脑，并把它作为一种工具为自己的学习服务。

青春日记

青春不是年华，而是心境；青春不是桃面、丹唇、柔膝，而是深沉的意志、宏伟的想象、炽热的感情；青春是生命的深泉在涌流。

青春气贯长虹，勇锐盖过怯弱，进取压倒苟安，如此锐气，二十后生有之，六旬男子则更多见。年年有加，并非垂老；理想丢弃，方堕暮年。

岁月悠悠，衰微只及肌肤；热忱抛却，颓唐必至灵魂。烦忧、惶恐、丧失自信，定使心灵扭曲，意气如灰。

无论年届花甲，抑或二八芳龄，心中皆有生命之欢乐，奇迹之诱惑，孩童般天真久盛不衰。人人心中皆有一台天线，只要你从天上人间接受美好、希望、欢乐、勇气和力量的信号，你就青春永驻，风华常存。一旦天线倒塌，锐气被冰雪覆盖，玩世不恭、自暴自弃油然而生，几十年方二十，实已垂老矣；然则只要竖起天线，捕捉乐观的信号，你就有望在八十高龄告别尘寰时仍觉得年轻。

利用网络，放眼看世界

互联网已经形成巨大的信息资源交流与承载能力，信息技能也就成为现代人才的一项重要技能。世界以及国内的各大报纸都有网络版，很多国际和国内的机构和组织也把自己的很多资源放在网上免费共享，由此形成了巨大的信息来源。青少年一代是祖国的未来，明天的花朵，应该学会利用网络获取更多的信息资源，看清世界的发展，为自己的明天画出绚丽的色彩。

§ 网络资源丰富

网络是一个大世界，当你打开互联网，无论你想找什么，只要用鼠标轻轻点击搜索，就能轻松查找到。一个个应接不暇的网站，无论是你要看的，还是从未谋过面的，只要互联网上有，便可无私地提供到你面前。网络资源的共享性给人们带来了极大的方便。从网络这个花花绿绿的世界里，让人开阔了视野，增长了见识。

在互联网上有着人们所需要的各种知识，为青少年获得各种信息提供了新的渠道。获取有效信息是青少年上网的第一目的，当前青少年对信息的关注点不仅非常广泛，而且要求速度迅速，传统媒体已无法及时满足青少年的这一兴趣点，互联网信息容量大，包罗万象，不仅拥有各种科学知识，还有各种生活知识，健康知识，应该说应有尽有，加上比传统媒介方便快速的特点，最大限度地满足了青少年的需求，为青少年提供了最为丰富的信息资源。现在，互联网正在成为青少年获取种种信息的最佳来源。

互联网丰富的资源为青少年带来了无限好处。通过资源丰富的互联网，青少年不断提高自身技能。美国的一些专家学者将计算机技能作为未来成功青年所必须掌握的五项基本技能之一。在互联网上，人们几乎可以找到涉及人类生活的所有方面的各类信息，对能够熟练使用计算机的青少年来说，可以说是取之不尽、用之不竭、学之不完的知识宝库。另外，互联网有助于拓宽青少年的思路和视野，加强青少年之间的交流和沟通，增强青少年的社交参与度，开发青少年内在的潜能。

资源丰富的互联网具有强大的包容性，使上网的青少年处于和现实生活完全不同的环境中，在思考的过程中，青少年锻炼了自己独立思考问题的能力。网络的无边无际也会极大地激发青少年的好奇心和求知欲，使其潜质和潜能能有效地开发出来。

§ 让网络成为青少年看世界的窗口

丰富的网络资源为青少年带来了无限好处，丰富的信息资源不仅能够提高青少年自身的素质，也是青少年看世界的窗口。在国际互联网上，在资源的共享下，为青少年看世界提供了极大的方便，它声色并茂的功能能够把各种现象以真实三维的形式再现出来，能够让青少年更真实地了解世界。

网络的效应是神奇的，它不仅让青少年极大地丰富了知识，开阔视野、拓宽思路，还为青少年开辟了又一生活乐园。那么青少年不妨好好利用这一网络资源，让网络成为知识的来源，成为获取信息的渠道。

21 世纪是知识的世纪，网络是 21 世纪大有用武之地的标志性工具。做“网盲”是可悲的，做“网虫”是糊涂的。青少年不应该只把网络当作消遣的工具，做消磨时光的游戏，而应当理智、正确、合理地利用网络，去学习更多的新知识，去了解更广泛的信息，去做更多有益于社会的事情，让网络成为我们看世界的窗口。

青春日记

我在青春的日记里流浪／迷惘的脚步一行一行／走过欢喜走过忧伤／走过那些莫名的惆怅／还有那初次动情的地方／当年龄在记忆里成长／我的目光我的歌唱／每一天都在这里珍藏／我对你谈起的那些梦想／还有我的年少轻狂／青春的日记应该充满阳光／照亮了每一页年轻的时光／积蓄

温暖积蓄力量／因为我和我的梦正奔跑在路上／来不及叹息来不及思量来不及回头望／因为青春正长

样子／慢慢地把许久前做的事变成回忆／而后／是唇角一抹开心的微笑

附　录

风雨中，这点痛算什么

在风雨中学会坚强

如果你是一株小树苗，经过阳光雨露必能长成一棵参天大树；如果你是一只雏鹰，经过不断的飞行训练必能在蓝天翱翔；如果你是一条小溪，只要奔流向前，你必能到达自己的目的地。我们在生活中总会遇到一些苦涩，在苦涩中我们应该做的就是学会坚强。

只有流过血的手指，才能奏出世界间的绝响；只有经过地狱的磨炼，才能造就创造天空的力量。“烈火试真金，逆境试强者”，“那些能将我杀死的事物，会使我变得更有力”。人生是一幅美丽的画卷，磨难是画卷中不可缺少的曲线；人生是一首奇丽的小诗，坎坷是诗中引人入胜的转折；人生是一曲华美的乐章，坎坷是乐曲中不可思议的起落。坎坷铸就了生命的美丽，拼出了人生的完整。

§ 不经历风雨，如何坚强

生活中，每个人都不可避免地会遭遇挫折与跌倒，彷徨与慌张。有些人退缩，有些人怀疑，有些人拒绝，有些人拼命反抗。每个人都想要完美不受伤，以为这样就是自我保护，以为这样做是坚强的。

但这样的态度，是不是在保护自己的同时也封闭了自己？

只有在风雨中，才能够真正学会坚强。当你面对机遇时，才能像小草破土一样，意气风发，踌躇满志；当你面对世俗时，才能像荷花自洁一样，不为所动，高洁傲岸；当你面对失败时，才能像落叶归根一样，从容不迫，无私依旧；当你面对困难时，才能像梅花凌寒一样，无所畏惧，勇往直前。

世间万物恒如此，不经历风雨，如何学会坚强？当枯叶纷纷凋落，秋林显出了它的秀逸，却仍有几片顽强的叶儿像是点缀，迟迟不愿落下，夹杂着一份不在意世事繁华的孤傲，可最终逃不过地心的羁绊，缓缓地，不甘心地落下来，准备着来年的重生，不屈不挠。人生路上也必然风雨交加，就像叶儿，不经过秋风秋雨的洗礼，它怎么能坚强？漫漫旅途，谁能预测前路是鲜花丛生还是荆棘密布。天有不测风云，若人生路上阴风阵阵，道路崎岖，除了坚强面对，你找不到自己的出路。

作为年青的一代，在追赶梦想的路上有低谷也有暗礁，谁说失败了就再难抬头？在自由的海域里，没有了暗礁，才是最大的不完整。只有不断地经历失败，经历风雨，不徘徊不迷失，看到远处的绚烂彩虹，平静一些，坚强一些，光辉的人生将会写满灿烂。人生路上总会有太多风雨，也难免经历痛苦和挣扎，最重要的是你要保持一颗坚强的心！

§面对挫折要坚强

人生在世，总是力求路途平坦，波澜不惊，期待前进的路上，即使没有莺歌燕舞，没有千娇百媚，最好也没有风雨，没有挫折。然而，万事岂能尽如人意，人生之路总是风雨交加，挫折不断，只有越挫越强才能活得有滋有味！

风雨即是挫折，它是人生的一笔财富，没有挫折的人生，永远学不会坚强，这从某种意义上来说是黯然失色的。毕竟挫折会让你变得聪明而坚强，成熟而完美。因此，你要勇敢地面对挫折。

然而，在现实生活中，某些人被狗咬过一次了，却又被狗咬第二次！当看到狗时，为了避免被狗咬，有人采取大呼小叫、拔腿逃跑的办法，结果适得其反，助长了狗的嚣张气焰，再次被狗咬就在所难免；有人却只是弯了弯腰，装出从地上拾块砖头的样子，狗马上夹着尾巴溜之大吉了。这就好比遇到挫折后两种人不同的做法，有人一再逃避退缩，终究失败，而有的人却选择坚强面对，最终获得了意想不到的成功。

在人生路上，虽然一帆风顺的你可以借鉴别人的经验教训，但没有风雨挫折人生就会索然无味。对于高考落榜的学子，也应该从挫折中得到启发，振作起来，开始新一轮的搏击。你比别人多了一番挫折，经受了一番磨难，那么，一旦成功，你也必然比别人更多一份喜悦。生活和学习都是不断经受风雨和挫折的过程，坚强的特质会让你更加努力和珍惜，在今后的路途中光芒四射！

生活总会有波澜壮阔的悲剧发生，它可以降临灾难带来苦痛。芸芸众生之中，有多少人日日对着自己的悲惨身世自怨自艾，有多少人被一个横祸砸得再也爬不起来。既然存在于这个社会，就必须敢于正视这一份世态炎凉。风雨便是挫折，只要你握紧拳头，便能感到自己无懈可击的力量，感受到自己心中萌动的坚强。懦弱是人的外衣，坚强来自人的内心深处。人之初始，都会畏惧风雨，害怕挫折，害怕失败，可人却能爆发出无穷的能量，既然无法改变命运，那么，就应选择坚强。

风雨并不可惧，可怕的是你看不到彩虹即将到来的希望；挫折并不可怕，可怕的是你不断地躺在原地抚弄伤口。桑地亚哥说："人不是为失败而生的。"因此，一定要扼住命运的咽喉，只有坚强才让人有征服一切的勇气，不经历风雨，怎能见彩虹？没有狂风暴雨的历练，怎能造就出不弃的夜归人？没有炽热火红的熔炉，怎能练就出坚固的钢铁呢？

青春日记

有人说／青春是一道美丽的伤痕／草长莺飞的季节／彼此相逢相知／落雪飞花的冬日／畅叙新的梦想／一起走过欢笑失落彷徨／谁是谁的港湾／靠港停泊起航／言过恨谈过喜欢也说过爱／也许还不太懂爱／会有错过的痛离别的伤／路笔直的看不到尽头／踽踽独行／一份执着一份期许／终一天／看淡这道青春之殇／春暖花开

在哪儿跌倒，就在哪儿爬起来

人生路漫漫，它仿佛一条泥泞而曲折的路。人活一辈子不可能一帆风顺，总会遇到"跌倒"的时候。但是不管怎么样，无论你因为什么跌倒了，跌得如何，一定要记住：爬起来！在跌倒后又爬起来的一刹那，已经证明你拥有了成功的最大强项——承受任何打击的决心。

如今的市场可以说是瞬息万变，因此在商场上也很难有常胜将军的存在。所以，在面对各种危机时不必害怕，而要确立"跌倒了就要再爬起来"的理念，有胆有识地视危机为转机，化转机为生机。只有做到这些，事业才会在坎坷的道路上越走越强。

§ 失败是为了下一次的成功

人们常说，失败是成功之母，失败便孕育着成功。可世人多以成败论英雄，胜者王侯败者贼。但在中外历史上，以失败成为悲剧英雄的却大有人在，如被囚禁并老死孤岛上的拿破仑；还有败走麦城、最终身首异处的关羽；四面楚歌、垓下自刎的项羽。事实上，失败对于一个人是十分重要的。一个人不可能总是一帆风顺，如果跌倒了就此趴下，一蹶不振，永远不会到达胜利的巅峰。而跌倒了再爬起来，总会有成功的希望所在。

伟大发明家爱迪生小的时候很喜欢做实验。一次，他在火车的一节车厢里做实验时，一不小心将实验品倒在了地上，引起了车厢着火，车长知道后，狠狠地给了他一巴掌。从这以后，他的一只耳朵聋了，但他并不感到自己很失败，反而对实验更加喜爱。

爱迪生发明灯泡时，曾做了一千多次的实验都失败了。可是，面对失败，他没有气馁，反复总结说："每失败一次，我都知道这种材料不能用来做灯丝。每失败一次，都是有意义的。"经过不懈的努力，终于在一次试验中，他找到了耐用的灯丝，从此电灯走进了千家万户。

爱迪生在总结自己的成功过程时，说过一句话："失败也是我所需要的，它和成功对我一样有价值。只有在我知道一切做不好的方法以后，我才知道做好一件工作的方法是什么。"失败了，并不意味着你比别人差或是不如别人；失败了，你可以爬起来再走，并且不再因为这个错误再跌倒；失败了，也不能说没有成功，至少你知道这个方法行不通；失败了，只会激发你对成功的热情，因为"失败是成功之母。"你这一次的失败就意味着你下一次的成功。

失败是成功之母，没有失败哪有成功？人的一生并不是一帆风顺的，不可能只有成功没有失败。重要的是失败后不能气馁，要从失败中走出来，坚持不懈地努力，就会走向成功！就像弱小的蜘蛛为了建造自己的一个家，尝过多少挫折和失败？不知道多少次，它辛辛苦苦织出的网，被大风大雨损毁，被人类损毁，但是它从来没有放弃，而是毫不气馁，信心十足，不断坚持，终于建成了自己的家！

成功不是一个海港，而是一次埋伏着许多危险的旅程，人生的赌注就是在这次旅程中要做个赢家，成功永远属于不怕失败的人。因为不论任何时候，失败都是成功的兄弟，成功总是会伴随着失败，也正是因为无数次失败之后我们才迎来了成功。所以，不怕失败，失败了再重来，这才是最明智的选择。

任何一个成功的人在各种紧要关头，都具有临危不惧，不怕失败，顽强拼搏的精神，都能在最艰难的时候，不灰心丧气，并能不断地在失败中认真总结教训，迎难而上，化失败为动力，从而增加了成功的机会。

§ 不怕失败，卷土重来

“错”的一半是“金”，“败”的一半是“贝”。错误或失败并不可怕，可怕的是不懂得“错里淘金”“败中拾贝”。

失败是步向成功的垫脚石。人完整圆满的一生中，在一个生命周期的轨迹里，必定要亲身经历多次失败，必定要经常品饮失败的苦酒，必定要时常抚摸失败创伤的心灵瘢痕。一个人的一生没有经历过失败，就是不完整的一生，是不成熟的一生。

在烈日炎炎的中午，有一个年轻人汗流浃背地拎着两大盒领带，不辞辛苦地走在大街上兜售。他已经辛苦地奔跑了一个上午，跑了十几家店铺，可是却没有一个人肯买他的领带。当他在路边又发现一家服装店时，他决定再去试下。他走到店门口，发现那个服装店的老板正在十分专注地做一位客人的服装。年轻人不知道别人在做生意时，是不准他人打扰的，便拎着领带走进了店里。服装店的老板像见到瘟神一样，恶狠狠地大声吼叫着把他赶了出去。他见到自己像要饭的乞丐一样遭人呵斥，被人驱赶，一种百感交集的酸楚涌上心头。没有人来抚慰他，帮助他，他以最快的速度擦去不断夺眶而出的热泪。面对别人的拒绝，他没有半点退缩的余地，他走出店门，脸上重新展露出笑颜，继续走街串户，兜售领带。在一次又一次的失败中，他终于把领带全部卖了出去。他就是海内外知名的领带大王香港“金利来”集团主席曾宪梓。由于他在失败面前敢于面对现实，在一次次的失败中，又一次次地站起来，终于实现了自己的梦想，成为一个赢家。

“不经一番寒彻骨，哪得梅花扑鼻香。”每一个成功者都经过了无数次的考验和失败，但是他们都挺起了胸膛，无所畏惧。所以他们获得了成功！每个人心中都有一个梦，要把握住生命中的每一分钟来完成自己的梦。没有人可以随便成功，连丑小鸭也是经过了无数的挫折才变成美丽的白天鹅，成功是要付出代价的！

失败并不可怕，可怕的是自己不敢面对失败、害怕失败，遇到困难就放弃。只要把每一次的失败都看作新的起点，看作新的动力，坚持不懈、加倍努力，就一定能成功。在艰难的人生道路上，越遇到失败越要振作，越要拼搏。其实，失败只是短暂的，只要鼓起勇气，去战胜新的困难，就一定能迎接胜利的明天！

青春日记

雨夜／静静聆听一朵花开／宁静而端详／凝神思索一朵花开需要多久／春风促成一段蒲公英与昙花的邂逅／煦风零星百灵驻足见证了离别／蒲公英注定要一生漂泊／昙花开完了最后的绚烂／因为／昙花爱上蒲公英

将逆境变为成功的动力

歌德曾经说过："我一生基本上只是辛苦工作，我可以说，我活了七十五岁，没有哪一个月过的是真正舒服的生活，就好像推一块石头上山，石头不停地滚下来又推上去。"罗曼·罗兰说："天才免不了有障碍，因为障碍会创造天才。"巴尔扎克说过："苦难是人生的老师。"这是一个普遍的现象：即便是成功者和大人物，他们在事业的开头也往往是以挫折和失败为开场白的，而且即便日后获得了成功，还经常会碰到挫折，这一点与一般人对功成名就的成功者的理解并不相同。

§ 逆境可以给人奋斗的动力

休谟说："顺境使我们的精力闲散无用，使我们感觉不到自己的力量，但是障碍却唤醒这种力量而加以运用。"世上没有一个人的人生是一路顺风的，它总是充满挫折、坎坷，而坎坷总是高高低低，起伏不定的。世上一帆风顺的事是非常少的，否则"文学家""科学家"的美名岂不轻易落到每个人的头上？

越王勾践在失败之后，卧薪尝胆，励精图治，终于打败了吴国；英国将领威灵顿接连被拿破仑打败六次，他毫不气馁，终于在滑铁卢战役中一洗前耻；伟大的发明家爱迪生，一生的失败更是不计其数，他曾为一项发明经历无数次失败的实验，却并不认为这是浪费精力、时间，而这无数次失败使他明白这些实验是行不通的。

失败固然会给人带来痛苦，但也能使人有所收获；它既向青少年指出学习中的缺点错误，又启发青少年逐步走向成功。失败既是对成功的否定，也是成功的基础。

对于那些从逆境中走出来而最终走向成功的人来说：逆境即是赐予；而障碍，就是一个新的已知条件，只要愿意，任何一个障碍，都会成为一个超越自我的契机。在逆境中能激励人的意志，点燃你强烈进取向上的理想火花，增强你战胜困苦走出逆境的勇气。逆境是培养人才的沃土，是走向成功的阶梯，经过逆境的人才会品尝成功的甘美，才会加倍珍惜成功的现在。因此，青少年要学会在逆境中学习成功之道。

大凡成功者的一生不可能是一帆风顺、风平浪静的。在成功者的背后是难以煎熬的磨难和数不清的坎坷。多少位大学者哪个不是苦尽甘来，从艰难中走出一条光明的大道的？世界上没有人能随随便便成功，侥幸得来的成功，只是昙花一现。成功是泪水和汗水浇灌的鲜花，成功是坎坷和曲折造就的奇迹。

司马迁也是饱受了巨大的精神磨难后才发愤完成了“究天人之际，通古今之变，成中家之言”的巨著——《史记》。逆境中有时正隐含有更大的成功因素，只要你用自己的毅力和精神去应对它，那么，没有什么永远的困难。不怕逆境，就会把不利的因素转化为成功的种子。有时候，经历逆境也是成大业的一种很有效的资本。

任何成功的人在达到成功前，没有不遭受失败的，失败和痛苦是上帝和每一种生物的沟通，没有失败就没有经验。逆境能够磨炼出一个人的心志和能力来，因此，在逆境中人都应该有这种想法，你正在遭受着困苦，但这不是完全的坏事，因为老天可能要把重任交给你，故意给你的磨难。有了这样的想法后，你就会从容地面对各种逆境，才能将逆境看成自己快速成长的条件。

§ 逆 境，人生之旅的常客

有人经常说，“我为什么没有他人有本事呢？”其实在生活中，本事就是你的强项，就是从你所经历的困境中总结出来的经验。无数的事实给了我们充分的证明，困难和逆境中一定会隐藏着巨大的成功因素，只是需要你用自己的毅力和真实的行动去征服它，改变自己的处境。

挫折是青少年生活中的必经之路。所以，在面对逆境时，青少年不应该自嗟自伤，而应该像先贤教导我们的那样，学会对自己说：这没有什么了不起，坚持奋斗，生活总会好起来的。无论如何艰辛，都要承担责任，自重自尊，战胜困难，永不言弃，如此理想必定会实现。

人生不如意十之八九，青少年面对坎坷不能知难而退，而要勇往直前，要有“岂能尽如人意，但求无愧于心”的信念。要知道：茶入口时虽苦，可喝到最后却是不尽的清香；蝴蝶羽化前受尽唾弃，可破茧而出后却被无数人称颂；紫罗兰开花前与野草无异，可只要开放，就会把周围的空气染成淡淡的紫色。其实，人生也是这样，没有永恒的不幸遮蔽天空。

行船于海上，势必要面对风浪；求知于路上，势必要面对失败；生存于世上，势必要面对坎坷。遇到风浪，害怕没有用，只有冲过去，才能从目的地到平静的海面；遇到失败，放弃没有用，只有重整旗鼓，才能获得最后的成功；遇到坎坷，逃避没有用，只有积极对待，才能赢得胜利。

§越挫越勇，找到生命支点

古人云：天将降大任于斯人也，必先苦其心志。这个世界，确实存在太多问题，也有太多不如意，但是生活还是要继续。无论面临什么样的挫折，都可以看作是上帝给予的恩赐，目的是要锻炼自己。

美国伟大的演说家爱默生说过：“每种挫折或不利的突变，是带着同样或较大的有利的种子。”古希腊伟大的哲学家毕达哥拉斯也说过：“短时期的挫折比短时间的成功好。”而生活中这样的人还有很多，当代保尔张海迪已与病魔抗争了四十五个春秋，带给人们宝贵的精神财富和热情洋溢的笑容。在艰辛和病痛面前，他们选择了独立和坚强，选择了责任和担当。在他们看来，只要脊梁不弯，就没有扛不起的重担；只要精神不垮，就没有解不开的难题。

大家都知道2005年度感动中国十大人物之一的洪战辉。几年前，他的家庭遭受了重大变故：父亲突发间歇性精神病，饱受伤痛的母亲不辞而别，家中还有一个年幼的弟弟和捡到的遗弃女婴需要照顾……这个家庭的重担压在当时只有12岁的长子——洪战辉身上。十年如一日，洪战辉一边读书一边克服难以想象的困难，照看时常发病的父亲，抚养捡到的妹妹……

生活的重担压在他稚嫩的肩膀上，他唯一能做的只是坚持，再坚持！在日记中，他这样写道：“我会坚持，我觉得每个人都有责任，不但对自己、对家庭，还有对社会。只是默默地走，不愿放弃。”一份责任让他支撑住，一种永不言弃的心态让他逐渐成熟，几度面临辍学，他没有放弃，而是凭着自己的一双手，艰难地维持着妹妹的生活、父亲的疾病、自己的学业，这看似没有可能的事情被他在汗与血与泪中见证着。在生活中他忍受了常人难以承受的痛苦，承受了常人难以想象的重担。

如此艰难的生活让他学会了自立、自强，以致在人们向他伸出援助之手时，他选择了拒绝，“不接受捐款，是因为我觉得一个人自立、自强才是最重要的！苦难和痛苦的经历并不是我接受一切捐助的资本。一个人通过自己的奋斗改变自己劣势的现状才是最重要的。”

青春日记

我不去想是否能够成功，既然选择了远方，便只顾风雨兼程；我不去想能否赢得爱情，既然钟情于玫瑰，就勇敢地吐露真诚；我不去想身后会不会袭来寒风冷雨，既然目标是地平线，留给世界的只能是背影；我不去想未来是平坦还是泥泞，只要热爱生命，一切都在意料中。

坚持就是胜利

英国首相丘吉尔在第二次世界大战胜利后，应邀在剑桥大学毕业典礼上致辞。这是丘吉尔历史上演讲最短的一次，也是最脍炙人口的一次演讲。经过隆重的介绍之后，丘吉尔走上讲台，以独特的风范开口说：“永远，永远，永远不要放弃。”接着是长长的沉默，他又一次强调：“永远，永远，永远不要放弃。”他又注视观众片刻，然后回座。是的，永远，永远，不要放弃。如果做任何事都半途而废的话，最简单的事也不可能完成。在最困难的时候，要坚信：沙漠尽头必是绿洲，坚持到底才能胜利。

青少年的生活经验和社会经验都不是很丰富，因此在做事的过程中难免会遇到各种各样的困难。面对这种情况，青少年一定不要轻言放弃，一定要坚持下去。要明白，所谓的成功者，都是那些坚持到最后一刻、迈出了最后一步的人。

§ 坚持不懈，你就能赢

古语云："行百里者半九十。"就是说成功需要坚持不懈、坚忍不拔，否则就会半途而废。许多人正是因为没能坚持到最后一刻，在离目标半步之遥时停住了脚步，与成功擦肩而过。罗曼·罗兰曾说过："坚持不懈是人生成就的一个关键所在。"是的，一个人无论在做什么事情的时候，都需要有一种坚持不懈的精神，坚持不懈会让一个人拥有更大的力量，就像插上一根强健的生命飞翔的羽翼，让你飞得更高，飞得更远。

阳光灿烂的一天，两只猎豹商定结伴出去捕捉猎物，以便把饿了一天的肚子填饱。还没寻觅多久，一只羚羊就出现在了它们的视线里，两只猎豹如获珍宝般地穷追不舍，可是羚羊跑得很快，追了很久也没有追上。就在它们有些力所不支时，前面突然出现了一头野牛，其中一只猎豹决定放弃追羚羊，转而去追野牛，它说："要是能够追上野牛，并咬死它的话，那可是够我们吃上一阵的了。"另一只猎豹摇摇头劝它说："咱们追羚羊这么久了，羚羊肯定和我们一样累。只要咱们再坚持一会儿，肯定能追上的。"想追野牛的猎豹根本就听不进去，执意要去追野牛。最后，追倒是追上了，可野牛并不是好惹的，与野牛的打斗中猎豹显然处于劣势，几个回合下来依旧没有得一点上风，无奈之下只好垂头丧气地饿着肚子回来了。而那只追羚羊的猎豹很快就把羚羊追上，美美地吃了一顿。

两只猎豹同追羚羊，一只坚持不懈，最后美餐了一顿。而另一只半途而废，改追野牛，结果两手空空。这种结局也是意料之中的！

同样是两只猎豹，却是不一样的结局。世上事情就是这么简单，只要你再坚持一下，就能迈向成功。成功者与失败者的区别，只在于多坚持了一下。法国启蒙思想家布封曾说过："天才就是长期的坚持不懈。"的确，无论干什么事，坚持不懈的毅力和持之以恒的精神都是必不可少的。想象一下，如果自己正处在一处悬崖边上，此时只有一块岩石支撑着整个身体，要想安全地脱身，你能做的就只有拼尽全力紧紧地抓住这块岩石，借着这块岩石往上爬。在这个千钧一发的时刻，只要稍有松懈，或者哪怕只有放松的念头儿，就有可能摔得粉身碎骨。所以，当困难绊住你前进脚步的时候，当失败挫伤你进取雄心的时候，当包袱压得你喘不过气的时候，不要退缩，不要放弃，不要裹足不前，因为成功是属于坚持不懈、持之以恒的人，要相信坚持就能成功。

§ 不要轻易说“放弃”

从古至今，有许许多多平庸者成功和聪明人失败的事迹，这的确是一件令人惊奇的现象。但是，详细地分析一下就不难发现，这个现象的原因在于，那些看似愚钝的人有一种顽强的毅力，有一种不屈不挠的精神。一种在任何情况下都坚如磐石的决心，一种对目标的执着精神，一种从不受任何诱惑、不偏离自己既定目标的能力，一种从不放弃的精神；而那些聪明却不坚定的人，往往没有一个明确的目的，四处出击，结果分散精力，浪费才华。不能坚持下去就是他们不能成功的重要原因之一。

享誉全球的松下幸之助是日本著名的企业家，被称为日本的“经营之神”。日本松下电器公司的总裁松下幸之助年轻的时候，家庭十分贫困，一家人全靠他来养活。

为了一家人的生计，瘦弱矮小的松下到一家电器厂去谋职。他走进这家工厂的人事部，向一位负责人说明了来意，并请求给安排一个工作，哪怕是最低下的工作也可以。这位负责人看到松下人又瘦又小，衣服肮脏，觉得他不是合适的人选，但又不能直接说，于是就找了一个理由：“我们现在暂时不需要人，你一个月以后再来看看吧。”

这原本是那个人的一个托词，没想到松下当真了，一个月后松下又来了，那位负责人又推托说过几天再说吧。几天之后，松下又来了，这样反复了多次，这位负责人也有点烦了，干脆说出了真正的理由：“你这样脏兮兮的是进不了我们工厂的。”然后，松下回去借了一些钱，买了一身整齐的衣服穿上再次来到电器厂。

这个人一看实在没有办法，便告诉松下说：“关于电器方面的知识你知道得太少了，我们不能要你。”两个月后，松下再次来到这家企业，说：“我已经学了不少有关电器方面的知识，你看我哪方面还有差距，我一项一项来弥补。”

这位负责人盯着他看了半天，被松下的执着而感动了，说：“我干这一行几十年了，还是第一次遇到像你这样来找工作的，我真佩服你的耐心和韧性。”最终那位主管答应让他进工厂工作。

不轻易放弃的精神成就了松下幸之助辉煌的人生。一个人在做事时能否不达目的不罢休，这是测验一个人品格的一种标准，“永不放弃”是最难能可贵的一种德性。许多人都乐于跟随大众向前，在情况顺利时肯努力奋斗，这并不难做到；但是在大众都选择退出、向后掉转，而剩下他自己孤军奋战时，仍然能够坚持着不放手，这就难能可贵了。这需要恒心，需要意志。如果你想取得辉煌成就，成为一名成功人士，你首先要做的就是问问自己：“我的毅力有多大，我有恒心与意志力吗？我能在失败之后仍然坚持而不放弃吗？我能倒下了再站起来吗？我能不能在遭遇艰难险阻时仍然前进呢？”如果这些你都具备，那么，只要你努力，成功就不再遥远。

青少年朋友，在学习上，在成功的道路上，你遇到困难时，要怎么做呢？

坚持并非顽固不冥，钻牛角尖，画地为牢。坚持是需要有一个切合实际的目标，坚持是需要选择好正确的道路和方向的。鲁迅先生一直都把救国救民视为己任，而当他认识到中华民族的复兴关键在于思想的复兴时，他及时弃医从文，用自己的文章唤醒了无数的民众。而那些只知在陈迹斑斑的老路上挥汗如雨，不撞南墙不回头的人，是莽夫，是飞蛾扑火，其结果势必南辕北辙，头破血流，这样的坚持是毫无意义的。

只要坚信选择的道路是正确的，就一定要坚持下去。

青春日记

打着响亮的鸽哨／盘旋在青春的屋脊／院落里有蚂蚁在走动／房梁间是蝙蝠在私语／红漆门锁了黄铜锁／梧桐的叶子无声落下／珠帘感应着风／风挑逗着经卷／经卷包藏着欲望／欲望窥视着仕女画／等待明月升起／青烟像是谁的灵魂／从门缝间飘出了宫殿

100次跌倒，第101次站起亲

著名作家张海迪说：“即使跌倒100次，也要101次地站起来。”人生的道路，漫漫兮其遥远兮，多少人跌倒在这条路上，就再也没有爬起来；多少人把这条路看得遥远可怕，以为是不可登的，这是弱者的表现。可是，又有多少人跌倒后又站了起来，同样可以笔直地站在蓝天下，继续前行，这样的人是强者。亲爱的同学们，你愿意做一个弱者还是强者呢？相信没有人愿意承认自己是弱者，更不愿意做弱者。

§摔倒了，勇敢地站起来

你还记得孩提时代摔跤的情景吗？还是否记得那时候的你是自己爬起来的吗？想想看自己曾一直视父母为手中的拐杖，学走路的过程中摔倒了，总会有一种侥幸的心理，父母一定会来扶起自己。而被扶起来的你就产生一种依赖性，不能够锻炼自己的能力，更学不会坚强。这种依赖性是非常可怕的。

你总会长大，总要离开父母的扶持去开创自己的人生。在迈出“依赖”怀抱的第一步，对于你来说，也许要经历无数次的摔跤，经历伤心失意、困难挫折，这些都是在所难免的。而这时候的你要学会勇敢地去面对现实，从“荆棘”的人生中走出来，要记着：即使摔倒了100次，也要有勇气101次站起来。

在人生这个大舞台上，你要学会面对很多，复杂的人际关系、烦琐的事情等一系列的问题，都要等着你来处理。这时候，不能再像小时候摔跤等着父母来搀扶你；这时候，你要做的就是跌倒了，怎样想办法站起来。俗话说：从哪里跌倒就从哪里站起来。

大家不要总去等待他人的帮助，一次次的摔跤后，拍拍身上的灰尘，抖擞抖擞精神，继续前进！要知道，世上从来不曾有什么“救世主”，命运把握在我们自己手中，在挫折中奋起才是生活的“真谛”！谁不是受伤后学会了坚强？谁不是跌倒了才知道站起来的“英姿”？挫折会让一个人成长并走向成熟。

青少年朋友们，无论面对的挫折有多大，都要勇敢地去克服它。最终，这些挫折会向你低头，向你屈服，你就再也不用跌下去，牢牢地定住脚，因为你已经到达了成功的彼岸。没有什么能够比得上此时的喜悦。

有一本书，曾这样写道：当我们看到前途遥远可怕时，要提醒自己，不要想着远在天边，而要着眼于那最初的小小一步，走了这一步后，再走下一步，直到要抵达的地方为止，这时便可以惊奇而自豪地回头看看，自己走过的路有多么遥远。的确，成功时的喜悦，是无人能够体会到、分享到的，只有自己才能拥有这幸福的时刻。

在我们人生的道路上，有成功也有失败，有快乐也有悲伤。但摔倒了再爬起来，仍不失为大将风度。不要躺在地上呻吟或后悔而不再起来，那样做是不明智的。因为，在生活的道路上谁也救不了你，只有勇敢地站起来坦然面对，才是生活中真正的强者。

青少年要抵达成功的彼岸，要把那条泥泞而曲折的人生路，转变为平坦而笔直的大道，就要勇敢地跌倒了再爬起来，继续前进，在人生道路上画上一个圆满的圆。

§ 100 次跌倒，101 次站起来

在生活中，每个人都在为成功而拼搏，也都经历了成功背后那说不清道不完的艰难险阻，而这些需要靠自己的自信和毅力来征服它。如果在这条坎坷的道路上，你跌倒了 100 次，这时的你害怕了，退缩了，因为你怕第 101 次的再次跌倒。这样的想法是消极的，错误的，为什么不想一下 101 次站起来后的结果呢？

俗话说：自古名人多磨难。名人之所以成为名人，大多经过逆境的种种磨难。他们面对逆境，不怨天尤人，不哀叹哭泣，咬紧牙关，奋力抗争以不屈不挠的斗争精神战胜逆境，成为胜利者。

亲爱的青少年朋友，你暂且不用先为“名人”而拼搏，应从做一个“胜利者”、一个“强者”开始。要知道，人生的历程，大体逆境占了十分之六七，顺境只占了十分之三四，而顺逆这两种境遇又常常是相互交替着轮流出现。无论事情是大是小，必然会遇到几次乃至十几次的阻力，这种阻力虽然有的大有的小，但总之必定是不可避免的。

试问一下，在铺满荆棘的道路上，谁没有摔倒过？与其终日躲在避风港里，倒不如出外受一点狂风暴雨的袭击。只有这样，人们才会勇敢去面对挫折、坎坷，也只有这样，才会领悟人生的真谛。

每个人在一生中都会有无数次的跌倒，可是，跌倒后大家又将如何去对待呢？当你摔倒时，只要仰望天空，便会发现今天的天空蓝蓝的，并广阔无边地向着你微笑。或者，把手放在胸口上，去感觉自己的心跳，然后对自己说：站起来才是强者。

作为强者，就要跌倒后不等他人来扶，而是在跌倒的过程中，学会吸取经验，真正体验一把爬起来后那种成就感：原来我可以站起来，我自己也可以做得很好！所谓“吃一堑，长一智”正是如此。可有的人为什么不

敢自己爬起来呢？是怕爬起来还是怕人耻笑？青少年一定要记住：胜利者有胜利者的潇洒，失败者也要有失败者的风采。

经历过磨炼，才会不怕艰辛，勇于摆脱逆境，才能走上完美的生命之路，一时陷入逆境并不意味着失败，站起来，勇敢地走下去！走着生命的路，像品尝一杯清茶，仔细品味才能尝出香。

摔倒了，再站起来！

不要再为昨天、今天的摔跤而悔改，因为明天还要继续，摔跤的朋友，请试着自己站起来吧！争取做生活的强者，扬起信心的风帆，乘风破浪，像高尔基笔下的海燕，勇敢地接受暴风雨的洗礼！

青春日记

青春有没有尽头／白发能否永远煽油／拉着儿子的手／目光越过成群的美女的头／越过夏目的黄昏／暗淡成一轮落日

在自己的内心树立起自信

爱因斯坦说过："自信，是向成功迈出的第一步！"

自信的人敢于尝试新鲜的领域，勇于挑战自我，发展自我，能够更快地发展自己的兴趣和才华，更容易获得成功。拥有自信的人们也会更快乐，因为他们不会去担心和提防失败。自信会使你创造奇迹，古往今来，每一个伟大的人物在其生活和事业的旅途中，无不是以坚强的自信为先导。拿破仑就曾宣称："在我的字典中，没有不可能的字眼。"这是何等豪迈的自信。正是因为他有这样的自信，激起了无比的智慧和巨大的能力，才使他成为横扫欧洲的一代名将。只有相信自己，才能保持最佳的姿态，才能拥有战胜困难的勇气，才能最大限度地挖掘自身的潜力。

成功来自强烈的企盼，孕育于痛苦的挣扎，是追寻自我，敢于冒险，最终超越自我的一种必然。不敢也不付诸行动，成功就不会向你招手。如果说你的内心已经树立起了自信，那么你就已经迈进了成功的大门。

§ 内心树立自信，它是成功锦囊

自信是一缕和煦的春风，是一丝动人的微笑，是一片明朗的天空。自信让我们变得干练、成熟，自信使我们的脚步变得坚实稳健。一个不屈不挠的人，自信在心中必定坚韧地站立着，站成精神上的钢浇铁铸的脊梁，站成一幅永不凋谢的风景。

有一位女歌手，在第一次登台演出之前心里十分紧张。想到马上就要面对着数千名观众，她的手心里已开始冒汗，她在心里想：要是在台上一紧张，忘记歌词了怎么办？越想她的心里就越慌，一慌就显得六神无主，甚至有了打退堂鼓的念头。

就在她不知所措的时候，有一位前辈走过来，给了她一个小纸条，并且告诉她说："不要怕，这纸条上面写的有歌词，如果忘记的话，就打开来看。"她很感激地望着前辈，握着这张纸条就上了台。也许有那张纸条在手中，她的心里踏实了许多，在台上她发挥得相当好，而且赢得了观众的热烈掌声。

她高兴地走下台，向那位前辈致谢。前辈却笑着说："是你自己战胜了自己，找回了自信。其实，我给你的是一张白纸，上面根本没有写什么歌词！"她展开手心里的纸条，果然上面什么也没写。女歌手一脸惊讶，自己就握着一张纸条，竟顺利地演出成功。

前辈接着说："你握住的不是一张白纸，而是你的自信哪！"

女歌手非常感谢前辈的指点，在以后的人生道路上，她就凭着把握自信的勇气，战胜了路途中的一个又一个困难，取得了一次又一次的成功。

这个女歌手的故事告诉我们，手握自信就可以战胜人生中最大的敌人——自己。战胜了自己，拥有了自信，你就为自己开启了五彩的生活。青少年朋友要谨记：自信是人生路上的第一个锦囊。带着这个锦囊上路，路上再多的风雨你都可以穿越。

自信是人生坐标系上的原点，处境极其微妙，前进抑或后退，就在一念之间。具备自信就是具备了开拓进取的基础和条件，因为有了自信，就有了创造精神和创新意识。十分成功中有五分属于自信。成功是船，自信是帆；成功是高山，自信是登山的小阶；成功是远方的路标，自信是脚下的跋涉。

自信是愚公移山的信念，是精卫填海的毅力，是夸父追日的追求。自信不是神话，但神话中的愚公、精卫却树起了一杆自信旗帜，飘扬在历史的岁月中，让代代传诵自信的力量。

§ 自信是战胜一切的力量

自信可以战胜一切坎坷，自信心是比金钱、实力、家世、亲友更有用的要素，它是人生最可靠的资本，它能使人克服困难，排除障碍，不怕冒险。对于事业的成功，它比什么东西都更有效。

一个人可以给予自己很高的估价，而自信处处能助他取得胜利。在他从事事业的过程中，“气”已被表现，即使刚刚开始，他也已取得一定的胜利。那一切自卑、自抑、阻止人类进步的障碍，在这种自信坚强的人面前，就完全旁落他处。

世界著名的交响乐指挥家小泽征尔，在一次世界优秀指挥家大赛的决赛中，他按照评委们给出的乐谱开始指挥演奏，可是，一开始他就敏锐发现了演奏中出现了错误。于是，他请求停下来重新开始，可是，还是感觉不正确，他认为乐谱存在着问题。

这时，在场的作曲家和评委会的所有权威人士都坚持说乐谱没有错，是他错了。面对一大批音乐权威人士，他思考再三，最后斩钉截铁地大声说：“不！一定是乐谱错了！”话刚落音，评委席上的评委立即站起，报以最热烈的掌声给他，祝贺他大赛夺冠。

原来.，这是评委们精心设计的“圈套”，以此来检验指挥家在发现乐谱错误并遭到权威人士“否定”的情况下，能否坚持自己的正确主张。前两位参加决赛的指挥家虽然也发现了错误，但终因随声附和权威们的意见而被淘汰。

小泽征尔因充满自信而摘取了世界指挥家大赛的桂冠。小泽征尔因为坚信是乐谱有错，而夺得桂冠。这就告诉人们，相信别人，不如先自信，再聪明、再厉害的人也有出错之时。自信往往是战胜一切的力量！

相信在学习的过程中，有很多青少年也有过和小泽征尔类似的情况。比如：你对一个问题有自己独特的观点，老师却说你的观点不正确。面对老师的“资深”，你就按照他的思路往下走了。其实，这种情况对于正在接受新知识的青少年来说，是一个不好的趋向。这时候，你可以多去求教几位老师，多听听其他老师的观点，多做比较，然后再确定自己的观点是对是错。

所以，青少年不要一味地相信老师、相信同学、相信家长的观点，你完全可以有自己的见解。当然，这也并不是说你要脱离大家而一意孤行，在怀疑的前提下和老师、同学或者家长一起去讨论，得出自己的见解，这才会让自己进步得更快。

§ 自信是成功的第一秘诀

珍妮是个总爱低着头的小女孩，她一直觉得自己长得不够漂亮。有一天，她到饰物店去买了只绿色蝴蝶结，店主不断赞美她戴上蝴蝶结挺漂亮，珍妮虽不信，但是挺高兴，不由昂起了头，急于让大家看看，出门与人撞了一下都没在意。

珍妮走进教室，迎面碰上了她的老师，“珍妮，你昂起头来真美！”老师爱抚地拍拍她的肩说。

那一天，她得到了许多人的赞美。她想一定是蝴蝶结的功劳，可往镜前一照，头上根本就没有蝴蝶结，一定是出饰物店时与人一碰弄丢了。

自信原本就是一种美丽，而很多人却因为太在意外表而失去很多快乐。无论是贫穷还是富有，无论是貌若天仙，还是相貌平平，只要你昂起头来，自信会使你变得快乐。

每个人的能力大小虽然不尽相同，但若一个人具有自信能成功的信念，那么自信所产生的力量绝对会对他的能力产生增值效应。反之，一个缺乏自信心的人，就好比一支潮湿的火柴，它与擦亮成功的火光遥之甚远。你的自我感觉在很大程度上影响着别人如何看待你。在很多人前不发言，怕被人说自己笨，其实你低估了自己的承受力；当你过分注意你想要得到的东西，脑子里就会有很多你为什么需要它的理由，这样会导致你细想自己的弱点；坐在前排，并不一定能带来多大好处，但是它确实能够充分证明你已经克服了自己的心理障碍了。

建立自信心从相信自己、赏识自己开始。“我能行”“我一定会成功的”，经常进行积极的自我心理暗示，能够强烈地唤起潜能的发挥，从而使自己产生我要努力把这件事做好的信念。在遇到困难时，表现出果敢的勇气和必胜的信念，自然就会想出“如何去完成这项工作”的方法，就会排除各种困难，直至成功。

§ 自信是造就奇迹的开始

你知道吗？人身体里有很大的潜能，激发潜能最好的催化剂就是你的自信。人的各部分的精神能力，也应像军队一样，对主帅充满信赖——它是一种不可阻遏的“意志”。

有坚强的意志，有坚定的自信，往往会使得平庸的人也能够成就一番事业。一个人不坚强地、不努力地去奋斗，而只期待成功，天下绝无此理。人们常说，“天上不会掉馅饼”，成功的先决条件就是自信。

据说，只要拿破仑亲临战场，士兵的战斗力就会增加一倍。军队的战斗力，原来大半寓于军士对于将帅的信仰中。如果统领军队的将帅显露出疑惧慌张，则全军必陷于混乱与军心动摇之中；如果将帅充满自信，则可增强部下英勇杀敌的勇气。

一个人成就的大小，取决于他自信心的大小。如果拥有坚强的自信心，往往能够在自己的人生中创造出奇迹。

有这样一个故事，说的就是一个伟大的奇迹，这个奇迹就来自主人公的自信心。据说有一个很可怜的女人，患了一种绝症，已经快不行了。在冬天里，她看到窗外的那棵老树上还有一片树叶没有落，于是，她就在心里想，这片树叶落了，我的生命也就走到尽头了。

她的不幸被一位好心的画家知道了，那位画家就画了一片一模一样的叶子，在夜里偷偷地挂在树梢上面。

第二天，这个女人又抬头望向窗外，她看到那片叶子还在那里挂着，就感到很兴奋。她高兴极了……

第三天，她一睁开眼睛的第一件事，就是望向窗外寻找那片叶子。

第四天……

第五天……

那片叶子居然还在，这位女病人兴奋之情无以言表，从此后，她相信是老天不让她死，她一定会好起来的。她开始积极配合医生的治疗，每天很开心地望向窗外，每天很自信地生活。等到春天来临时，她的病竟然奇迹般好了。

如果不是她内心的自信，如果不是她心中的渴望，如果不是那片永不凋落的树叶，她大概熬不过那个冬天。可见，如果一个人的内心充满了渴望，充满了自信，他就可以无所不能，他就可以在这个世界上创造出奇迹。

相信自己，无所不能；相信自己，无所畏惧。自信心是人生成败、幸福与不幸的关键。信心是行动的发条，基于信心而来的那种无比的驱策力量，就是缔造人世间一切伟业殊功的源头。人有信心，就有希望。信心能使软弱的人变得刚强，毅然承担一切苦难与折磨，接受任何考验和试探。因此，伟人说：信心是英勇的要件。

所以，青少年朋友们，在生活中，面对不幸，要对自己充满信心，对生活充满信心；在学习上，面对困难，要给自己信心，要永远相信自己可以。让你的生活到处都充满着自信与活力，你的生活将会是五光十色的。

青春日记

青春／紧靠着夕阳下／那溪边有点伤感的枫树／轻轻地数着落叶／望不尽的斑斓碎影

晚风寂静地吹着／那划过衣角的感觉／好飘逸／有种跟随落叶一起飘舞／漫无边际的错觉

就这样／毫无保留地释放／青春的释意／就如那飘落着的片片枫叶／让它就保持这样的原形

那份激情／那份感动／爱与恨．的错乱交织／奔流的放纵／不羁的思绪

青春／躺在流河中／它就会如此地散漫开／这就是一种永存

勇气，使你立于不败之地

歌德曾说："你若失去了财富，你只失去了一点；你若失去了荣誉，你就失去了许多；你若失去了勇气，就把一切都失去了。"生命对于人们来说，少的是平坦，多的是坎坷；少的是美妙的乐章，多的是沉重的低音；少的是开怀大笑，多的是痛哭流涕。所以想要成功，就必须有足够的勇气来面对这一切，不论你经历了什么，在经历着什么，总该明白，人生的路不管

是好是坏，总要走下去。青少年作为初升的太阳，更要有一种初生牛犊不怕虎的精神，敢于面对，敢于挑战。

§ 勇气是成功的前提

每次公司有新员工进来，总经理都会当着全体员工宣布一条不成文的纪律："谁也不要走进8楼那个没挂门牌的房间。"每次也会有员工好奇地问原因，但他只说这是规定，没有原因。从此以后，公司里没有一个人违反他的禁令走进8楼那个没挂门牌的房间。

一次，公司又招了一批员工，总经理像往常一样在全体员工大会上宣布这条规定，台下静悄悄的。突然听到一个年轻人带着疑惑与不解问了一句"为什么"，总经理听到后依然满脸严肃地说："不为什么，你只要照做就行了。"

随后的几天里，年轻人一直带着疑惑在工作着，他很好奇这个公司的经理为什么要这样做？这里面到底有什么玄机？其他工友见了都好心地劝他不要多管闲事，只有做好自己的事通过了试用期才行。但年轻人百思不得其解，他决定抛开"听总经理的没错"的劝言，把事情弄个明白，即使真的因此而被开除。

一天，他趁人不注意偷偷地爬上8楼，走到那扇没有门牌号的门口。年轻人轻轻地敲了敲，但没有反应，他又轻轻地一推，门居然没有上锁，开了。屋里满是灰尘，除了一张桌子什么也没有，年轻人走了进去，在桌上发现了一张纸牌，虽然很脏，但还是能清清楚楚地看到上面用笔写的几个大字："请把此牌送给总经理。"年轻人拿起纸牌想，如果我把这个交给经理就等于自己承认进了这个禁止入内的房间，但如果不交……思考片刻后，他走出房间直奔经理办公室。当总经理看到纸牌时并没有发火，而是激动地宣布："你被任命为销售部经理助理了。"

几个月后，年轻人所领导的队伍把公司的工作做得红红火火，他也被升为经理。

的确，生活中所走的每一步都需要很大勇气，也正是因为勇敢，所以才会向成功迈进一大步。翻开字典，勇气、勇敢的解释为，有胆量，不怕危险和困难，为达到既定目标而果断行动，甚至不惜献身的精神和行为。生活中，勇气是接受挑战的信心，是承受失败的力量，是做出选择的决心，是坚持到底的毅力，是从失败中重新站起来的坚强。青少年也需要勇气来为自己的人生打气，挑战所有的考验，攀登生命的高峰。其实，很多时候成功的大门都是虚掩着的，困难只是被我们无意识夸大了而已，只要有勇气，勇敢地去敲，大胆地往前走，呈现在你眼前的将是另一片崭新的天地。

§ 敢于挑战一切，坚决不放弃

成功者拥有什么？智慧？才华？不，是勇气，是敢于挑战一切的勇气，是面对各种困难、挫折的勇气。英国小说家柯鲁德·史密斯曾说："对于我们来说，最大的荣幸就是每个人都失败过。而且每当我们跌倒时都能爬起来。"纵观古今中外所有成功者，他们无不是笑着面对人生的巅峰和困境，在属于自己的道路上无所畏惧，一往无前，而这需要的就是勇气。

从前有两个人在沙漠中行走，他们的食物和水都吃完了，现在是又饿又渴。这时，一个人从口袋里掏出一把手枪和五颗子弹给身边的同伴，并对他说："我现在要去找水，否则我们就会饿死在沙漠里。你先在这待着，每隔一小时打一枪，让我知道你在什么地方，以免我到时找不到路。"同伴点了点头。之后他便离开了。

同伴照着他的话做了，每隔一小时打一枪。打到最后一枪时，找食物的人还没有回来。他在心里想，或许那个人已经死了。他开始害怕，最后终于承受不住了，便用最后一颗子弹打向了自己。枪声响后不久，找食物的人拿着食物回来了，可同伴已经断气了。

其实这个人只要坚持一下就可以活下来，可他放弃了这次生的机会，因为他缺乏勇气。

在人生前进的道路上，勇敢的人有勇气面对困难，绝不能向困难低头，敢于千方百计地解决困难，也正是因为有足够的勇气，才能突破困境，获得成功。的确，"放弃"只要一句话，而"成功"却需要一辈子的坚持。对于青少年来说，对生活、对未来有着无限的憧憬，但也有着无限的恐惧，这就需要我们拿出对生活坚强的意志和勇气，勇敢地面对即将到来的每一天。即使失败马上就要降临，又有什么可怕的呢？只要勇气没有丧失，成功的希望就永远不会破灭，只要拥有成功的希望，失败就不会轻易接近。即使真的失败了，失败又算什么，只要有勇气面对失败，有勇气再试下一次，就还可以再一次迎接的成功。

其实，做一个勇敢的人并不是一件易事，作为一个勇敢的青少年也确实不易，因为人并非天生具备勇敢的品质，这就需要青少年朋友在平时注意培养和锻炼。只有经过不懈的努力，历经困难、挫折甚至失败才能得到在困难面前不后退、不低头的勇气。生命的意义在于对无限未知世界的探索，顽强的生命力，敢于牺牲的精神。越是在危机时刻，勇气就越需要经受巨大的考验。

在成长的道路上，勇敢就是成功的垫脚石。它是你在成长道路上累积的经验和财富，可以使你强大，可以帮你从低谷中走出来，重新面对斑斓世界。人正是因为勇敢，所以才不去理会他人的说三道四，不会因他人的眼光而退却；正是因为勇敢，明知理想之路充满艰难，但还是会微笑地走下去；正是因为勇敢，所以才会坚持，才会容忍，才会成功。所以，青少年朋友们，请勇敢地面对人生的各种际遇，珍惜这来之不易的生命，让生命变得更加精彩。

青春日记

我是朝阳，为世界带来崭新的一天；我是春雨，将希望洒向人间。

我名叫青春，是人生最美丽的瞬间。我是划过天边的那一道火焰，我的短暂就像昙花一现。

我名叫青春，拥有我就拥有美好的明天，把握青春并不困难，唯一的办法就是珍惜时间。

最优秀的人是你自己

每个平淡无奇的生命中，都蕴藏着一座金矿，只要肯挖掘，沿着哪怕是微乎其微的一丝优点的暗示，也会挖出令自己都惊讶不已的宝藏。因为，每个人都比想象中的自己优秀，尤其是青少年，内在的潜力是无限的，青少年要清醒地认识自己，欣赏自己。

欣赏自己其实是一种心境。欣赏自己就是用昂扬的叶片迎击风雨的姿势；欣赏自己就是颠簸的征帆历经风浪与缝补之后，在破损的回忆中蓬勃地鼓起；欣赏自己就是用不朽的呼吸构建生命光芒的终极。欣赏自己是一种面对困难而能给予自己信心的源泉，一种推动自己向挫折挑战的动力。懂得欣赏自己，人生才能过得精彩。

§不要只看到眼中的不幸

不知道为什么，青少年总喜欢把聚焦灯照在自己的缺陷上，似乎觉得这就是谦虚，殊不知，过分的谦虚就是骄傲。

不知道为什么，青少年总喜欢把放大镜放在自己的过失上，似乎觉得这是自我批评，殊不知，这样的举动是幼稚可笑的。

不知道为什么，青少年总喜欢留恋世俗对自己错误的评价，似乎觉得那就是权威、是真理，殊不知，真理与谬误只有一步之差，过了度，真理也就成了谬误。

不知道为什么，青少年总喜欢把目光停滞在伟人、明星、富翁的身上，似乎觉得威望、光环、财富就是幸福，殊不知，平平淡淡才是真，最平凡的人才是最不平凡的。

其实，青少年大可以不必理会这些，它们根本算不上什么，因为你很优秀，只是自己不知道而已。如果你总认为自己平庸、无所作为，没有优点只有缺点，这就大错特错了。其实每个人都有优点。即使一个再有缺陷的人也可以瞬间把劣势变为优势。青少年要展现给大家一幅富有活力的画面，不必看轻自己。

有一个刚满10岁的小男孩，在一次意外事故中失去了左臂，但是他仍然很想学习一直很喜欢的柔道。

最终，小男孩拜在了一位柔道大师的门下，开始刻苦学习柔道。他有天分，学得也不错，可是练了几个月，大师始终只教了他一招，小男孩有点弄不懂。

他去问大师："我是不是应该再学习其他的招数？"

大师回答说："不错，你的确只会一招，但你只需要会这一招就足够用了。"

小男孩心里总是在犯嘀咕，但是他还是选择相信师父，于是就继续照着练了下去。

又过了几个月，师父第一次带小男孩去参加比赛，小男孩自己都没有想到居然轻轻松松赢了前两轮。第三轮稍稍有点困难，但是对手很快就变得有点急躁，连连进攻，小男孩敏捷地施展他的那一招，又赢了。小男孩自己都不相信自己居然能够进得了决赛。

决赛中的对手，一个比一个高大强壮，也似乎很有经验。小男孩有些招架不住，裁判怕小男孩受伤，便叫了暂停，师父说没关系，可以“继续比赛”。比赛又开始了，对手一放松戒备，小男孩立刻使出那一招，制服了对手，赢得比赛，轻松地获得冠军。

回家的路上，小男孩和师父一起回顾比赛的每个细节，小男孩鼓起勇气道出了疑问：“师父，我怎么就凭那一招就赢得了冠军？”

大师回答道：“有两个原因：第一，你几乎掌握了柔道里最难的一招；第二，据我所知，对付这一招唯一的办法就是对手抓住你的左臂。”小男孩终于明白了。

由此可知，人的潜力是无穷的，只要能认识到自身的宝藏。认识自我，认清自我，你就是一座金矿。

§ 学会肯定自己

青少年应该学会在不断向他人学习的同时，也不断地总结自己的成功之处，只有这样才可能有勇气去肯定自己。只有懂得肯定自己才会不断地增强自己的自信心。一个真正的智者应该是懂得珍惜自己，敢于正视自己的失败而不轻言放弃，奋勇拼搏的乐观主义者，从而不断地超越自我，为平凡的人生添彩，创造出更多的奇迹。青少年要学会从小就看重自己，在别人肯定你之前，自己首先要肯定自己。

世界上从没有完美的人，正因如此，断臂的维纳斯才倍显美丽。一个人在面对自己失败时，不应沮丧而忘了自身的优点，因为失败给了你不断完善自己的机会，而优点则给了你肯定自己的勇气。青少年应该学会肯定自己，一个不懂得肯定自己的人，永远也得不到别人的肯定。

正如一首歌里所唱的一样：“我很丑，可是我很温柔。”每个人的身上都有缺点，每个人的身上也都有优点，青少年要学会不断总结经验，肯定自己！

§ 学会欣赏自己，走自信之路

生活中，人们总习惯于欣赏别的人和事，消极地自惭形秽，盲目地东施效颦，却很少有人去欣赏自己。无论自己长得美还是丑，也不论自己活得伟大还是渺小，都要欣赏自己，一个人不应该因为自己的默默无闻而烦恼自卑，而是要学会欣赏自己，不卑不亢，落落大方，走一条自信的人生道路。

欣赏自己是一个认清自身优点的过程，欣赏自己还要通过努力将优点放大为可利用的优势资本。找到自己的优点意味着找到树立信心的支点。缺乏信心的人往往只注意自己的不足，并试图将其弥补。其实有些方面是难以弥补的，我们没有必要非要在自己不擅长的领域同他人竞争，懂得扬长避短，把主要的精力花在自己擅长的领域，就会赢在起跑线上。

学会欣赏自己，不是以自我为中心的自恋、自负。欣赏自己不仅要看到自己的优点，还要看到自身的缺点。学会欣赏自己，正视自身的不足，有意识地强化自身优点。不断强化优点就会更加自信，这是一种积极的进取心态。

学会欣赏自己的人，就会给自己的人生一个正确的定位。三国时期的诸葛亮就是一个最会欣赏自己的人。虽然隐居在草庐之中，却自比管仲、乐毅，博览群书，纵观时局，不求闻达于诸侯，却使刘备欣赏不已，三顾草庐请其出山。刘备得以诸葛亮的辅佐，才能与魏吴相抗。诸葛亮如果因为出生寒微而一味羡慕别人而不懂得欣赏自己，只能躬耕于南阳，做一农夫。因此只有善于欣赏自己，才能被别人所欣赏、所信赖。

学会欣赏自己，更好地利用自身的优点，完善生命中先天的不足。学会欣赏自己，不要因为别人位高权重而曲迎奉承，扭曲人格攀爬忘己。学会欣赏自己，是要做一个真正的自我。

学会欣赏自己，为自己准备一份成就感，还给自己一份信心，让自己拥有一份进取心。在激烈的社会竞争中，学会欣赏自己的人不会止步于别人的成绩，依然坚定地迈着步伐向前进；身处逆境时，欣赏自己的人会自己鼓励自己，想到的是希望，看星星之火的燎原之势；面对挑战时，会欣赏自己的人不会退缩。学会欣赏自己，便能发现自己的价值，找到信心的支点。

因此，作为新时代的青少年，要学会欣赏自己，让自己拥有一份自信，走向成功的道路。

§ 学会相信自己，你是独一无二的

有段话这样说：自从上帝创造了天地万物以来，没有一个人和你一样。你的头脑、心灵、眼睛、耳朵、双手、头发、嘴唇都是与众不同的。言谈举止和你完全一样的人以前没有，现在没有，以后也不会有。虽然四海之内皆兄弟，然而人人各异，要自信自己是独一无二的造化。

把自信种在心上，会开出勇敢的花，闭上眼睛你会闻到一阵芳香。让自信永驻心间，你就能够带着梦想走向远方。

美国有一个著名的心理医生叫基恩，这个博士在和病人交流时，常常提起他小时候经历过的一件事。

一天，几个白人小孩在公园里玩。不一会儿，一位卖氢气球的老人推着小货车走进了公园。几个白人小孩很高兴地跑过去，每人买了一个，兴高采烈地追逐着、打闹着，在蓝天下放飞了手中的气球，五颜六色的气球把天空装饰得很美丽。

在公园的一个角落，坐着一个黑人小男孩，他羡慕地看着那一群嬉笑的白人小孩，他不敢过去和他们一起玩耍，因为他自卑。一直等那几个白人小孩玩过之后，等他们的身影完全消失之后，他才怯怯地走到老人身边，用略带恳求的声音说："您可以卖一个气球给我吗？"

老人温和地看着他，微笑着说："当然可以，你要什么颜色的？"

小男孩鼓起勇气说："我要一个黑色的。"

脸上写满了沧桑的老人惊诧地看了看小男孩，旋即给他一个黑色的氢气球。黑人小男孩很开心地拿着气球，小手一松，黑色的氢气球在空中慢慢升起，在蓝天白天下形成了一道别样的风景。

老人一边眯着眼睛看着上升的气球，一只手拍着小男孩的后脑勺说："孩子，记住，氢气球之所以能升起来，并不是因为它的颜色、形状，而是因为在气球内充满了氢气。"

那个黑人小男孩就是基恩。

青少年朋友，你肯定知道，气球会升空，是因为它里面充满了氢气。只要充满了氢气，气球就会随风腾升。大胆地放飞你手中的气球吧，尽管它是黑色的。同样，一个人的成败不是因为出身、种族、天资，关键是你的心中有没有自信。

不要被生活中的一些琐事所牵绊，不要被自身的一些缺陷所折磨。金无足赤，人无完人。人不可能在各方面都非常优秀，都或多或少在某方面存在一定的缺陷，就是那些伟人也毫不例外，甚至他们的缺陷可怕得很。拿破仑的矮小、林肯的丑陋、罗斯福的小儿麻痹、丘吉尔的臃肿，哪一样不同样令人痛不欲生？可他们却拥有辉煌的一生！

所以，你一定不要被这些外在的因素所打败，真正能打败你的是自卑，真正能够给你力量的是自信。甩掉那该死的自卑吧，让自信永驻心间，因为你是自然界中伟大的奇迹，你是这个世界上独一无二的。

青春日记

在人生的风雨中／总有坎坷在你的左右／总有出乎意料之外的事情发生／总有人要和你作对／总有些许的不如意的事情突现在你的面前／无论是多么大的人生灾难／即使天瞬间就要塌下来／你也要挺起你的脊梁／在大事面前看的是一个人的静气／一个人的超脱的感觉／当我们不能阻止噩梦发生的时候／当你已经尽了自己的全力去拯救的时候／只要你坚强／其实天塌不下来／地也陷不了啊／只要你的心里有了坚强／只要你有勇气去面对／灾难终与你越来越远

放弃是一种高深的策略

放弃对于每一个人来说，都是一个痛苦的过程。因为放弃意味着永远不再拥有。但是不会放弃，想拥有一切，最终你将一无所有。这是生命的无奈之处，如果你不放弃眼光的热烈，就无法享受花前月下的温馨。生活给予每个人的都是一座丰富的宝库，但你必须学会放弃，选择适合你自己拥有的，否则生命将难以承受，能够放弃是一种跨越。

§ 选择放弃，学会洒脱

选择是一门艺术，放弃也是一门有关心灵和智慧的艺术。人生变数无穷，资源和精力却有限，当我们得到一样事物的同时，常常意味着另一件事情的失去。选择和放弃总是相伴的，正如得到恋人就意味着要失去单身的自由，成为名人就要放弃常人的闲暇是一个道理。西方哲学家曾说过："人永远不可能同时踏进两条河流。当我们面对两条道路的时候，我们要勇于选择，懂得放弃。"

人生处处都要面对选择。从一个人呱呱落地起到步入社会后，年龄在增长，阅历在增长，随之面对的选择也越来越多。选择喜爱的食品衣服，选择理想的学习环境，选择合适的生活方式，选择前进的人生方向……人生能遇到的大都是一个双选择的过程，无论你面对什么样的选择，放弃你选择之外的东西是必然要经历的。

也许生活是平凡的，但却无法避免要面对许多至关重要的选择。选择放弃是一种勇气，也是一种魄力。也许你选择的常常是让人为难的，无标准可依的，而你放弃的也许是会让你终身后悔的，但既然选择了就该去面对，既然在两难之时做了选择，就该让自己更为洒脱，这样你才会有面对生活的勇气。

每个人都会无法压抑这样的想象：如果当初做的是另外的一种选择，走的是另一条迥然不同的道路，那么我的人生将会是怎样？也许彷徨，也许感叹，但不管怎样，我们必须有所选择，有所放弃。你的爱好就是你的方向，你的兴趣就是你的资本，你的性情就是你的命运，每个人都有权选择自己理想的乐园，所谓有得必有失，你在获得自己所需的时候，也必然要勇于放弃一些东西。

著名作家张爱玲曾写道："娶了红玫瑰，久而久之，红的变成了墙上的一抹蚊子血，白的还是'床前明月光'；娶了白玫瑰，白的便是衣服上沾的一粒饭粘子，红的却是心口上一颗朱砂痣。"睿智的罗大佑也曾经吟唱过这样的经历："人生难得再次寻觅相逢的伴侣，生命终究难舍蓝蓝的白云天。"是的，人生充满缺憾，当我们走在自己的道路上时，会邂逅一些事，遇见一些人，遭遇一些快乐和忧伤。同时也在不可避免地错失，自觉或不自觉地放弃另一些同样可贵的东西。既然选择了放弃，就该有个好的心态去面对放弃的结果，如果斤斤计较，又如何变得洒脱？

要拥有实实在在的生活，就要认认真真去体会人生的每个细节，这样才不枉活一世。要获得快乐的生活，必须放弃执着的贪欲，跳出纷扰的世事，让自己的心境，如晴空朗月，似行云流水。学会洒脱，才能享受到生活的真味。学会洒脱，才能挣脱名利的绳索。才能达到生命至高的境界。

§ 放弃也是一种美

素有“跳高女皇”之称的伊辛巴耶娃其实在最初喜欢的并不是跳高而是体操。伊辛巴耶娃从小就非常喜欢体操，她梦想着有一天能够成为世界冠军。她挥汗如雨地练习着，严冬酷暑，舍不得荒废丝毫时间。然而，没练习几年，一块阴云开始漫上她的心头：她的个子越长越高。在体操队里，人长高，意味着土豆发芽，是要被“扔掉”的。想一想，本来你可以在空中翻四个跟头，长得太高，只剩两个半了，怎么和他人去竞争？伊辛巴耶娃落寞地离开了体操队，但内心里的那个世界冠军梦却依然燃烧着。她开始将自己的梦想寄托到另一种运动上——撑竿跳高。这是一个身高越高，优势越大的运动项目。之后她不仅获得了奥运会、世界田径锦标赛等各种大赛的冠军，还多次刷新了女子撑竿跳高的世界纪录。可以说是她的选择，她的放弃，奠定了她的美丽人生。

人的一生就是一个不断选择的过程，但在很多时候是很难一选即准的，往往有时候拐个弯，你的成功就会近在眼前。因此，你必须学会放弃。要知道，鱼和熊掌是不能兼得的，见什么要什么，想什么是什么，被物所役、被事所迷的心态，不是人生最为本质的意义，更不是最为明智的选择。那些试图抓住身边每一个机遇不懂得放弃的人是辛苦的，事实上它不但不能使你真正拥有，反而会加重你心灵的负担，缩小自由的空间，使你身不由己，最终迷失于形形色色的诱惑之中。

其实，要从迷失中走出来，减轻自己的心理负担，创造美丽的人生，只有放弃才能摆脱困境、潇洒自若，只有放弃才能淡泊明志、宁静致远。然而，放弃绝非心无所系，情无所用，学无所成。它是对名利的淡泊，对世俗的鄙视，对别人的宽容和对自己的净化；它是在诸多机遇面前，去做最愿意做、最应该做、最需要做的事情，而不管成败结果如何，至少你自己是自由的、无怨无悔的。放弃是一种执着，也是一种自信，既需要有荣辱不惊的豁达，也需要无怨无悔的宁静和默默无闻的期待。放弃是一种痛苦，也是一种境界，懂得放弃的人懂得在跌宕的过程中开拓进取，真正抵达人生的目的地，而放弃的意义正体现在过程的朴素与练达。

放弃是一个人的智慧和气魄，在放弃中虽然蕴含着诸多遗憾，在放弃的过程中也许对原有的诱惑抱有更多的幻想，但恰恰正是因为放弃，也许你才能找回本真与自我，并朝着既定的目标迈出坚实的步伐。拨开那碍眼的杂枝繁叶，静待攀登的山岳就会近在眼前。

放弃是一种两难的选择，即使如此，它也是一种选择。放弃虽然意味着某种失去，意味着难言的割舍，放弃也会带来伤感和愁绪。但是，放弃也正是为了前方路上更美的相遇，为了明天更加宝贵的撷取。放弃也是一种伤感的美丽，只有放弃，从头再来，生命依然燃烧，昨日已经逝去。

§放弃，生活的另一种选择

现如今人们一直都在提倡：做什么事情都要善始善终、坚持不懈、永不言弃。然而，人们随着生活环境的转变，心境也开始发生了相应的变化，“放弃也是一种选择”的念头已经位居榜首。一定有许多人不理解，觉得这么冲突的观念是完全对立的，又怎么会说居首就居首？其实，只要人们学会发现该坚持什么，该放弃什么，就会发现放弃其实就是生活的另一种选择。

在印度洋一次罕见的海啸中，一位母亲的选择，让人们明白了该放弃时就放弃。在海啸突然来临时，一位母亲当时正带着两个孩子在近海地带游泳，这位母亲想救两个孩子，可是当时的情况根本不允许，两个孩子中她只能选择一个。对于一个母亲来说，这无疑是个痛心的选择，最终，母亲心痛地放弃了大一点的孩子，抱着小孩子躲过海啸。然后紧急通知救援人员去救她的大孩子。幸运的是，大孩子也救出来了，安然无恙！倘若那个母亲当时没有选择放弃，她可能谁也救不了，甚至包括她自己。

这个故事告诉人们的就是放弃的价值。也许在生活中人们已经养成了坚持到底的习惯，但绝对不是什么都该坚持，而是根据自己的情况，在选择自己的生活的过程中，放弃不必要的。要坚持可以，但一定会有所放弃，在选择之后才能有坚持，而在选择的过程中，放弃其实就是坚持的另一种选择。

有个孩子，想要吃到瓶子里的糖果，就把一只手伸进了装满糖果的瓶子中，抓了满满一大把糖果，可手却卡在了不大的瓶口处，怎么也拿不出来。孩子急得哭了，这时，一个智者告诉他：“你必须放弃一些，才能吃到糖果。”可孩子就是不愿意松手，依然死死地抓着那把糖果哭泣。

在你的成长过程中，你学会放弃了吗？如果没有，你很有可能就会成为那个抓着糖果哭泣的孩子，因为他不懂得：得到其实就在放弃之后。在现实生活中的人们有太多的东西想要拥有，但由于不会放弃，什么都要争，事事都要坚持，结果反而让自己什么也没得到。

其实，人生中每个人都会做出需要放弃的选择，比如孩子放弃重点学校的牌子，而获得了普通学校的好心态；家长放弃了赚钱多却忙碌的工作，而获得了和家人相处的时间……世上的好东西就是这样，有舍才有得，不需要把一切尽收囊中。其实放弃就是另一种更好的选择。

人们在生活中总会有太多的诱惑，不懂得放弃只能在诱惑的旋涡中丧生；人生有太多的欲求，不懂得放弃就只能任欲求牵着鼻子走；人生有太多的无奈，不懂得放弃就只能与忧愁相伴。当你被生活的包袱压得弯不下腰时，是否想过做出放弃的选择，让自己活得更轻松些？

放弃不是一种过错。放弃生活给予的一些疼痛是每个人都有的权利。懂得放弃是人生的大智慧，适时的放弃则是自知与明智的美丽结晶。有选择有放弃，这才是完美的生活。及时放弃，放弃得当，勇于放弃，明天你的太阳会在明朗的天空中蓬勃火红地升起；明天你的人生花园就有了赏心悦目的规划清理。放弃，其实是一种新的开始，更是一种选择。

青春日记

青春是什么？

青春是人生中最美好的时光，当我们还在欢笑时，已不知不觉地来到我们身旁。

青春是风，轻飘飘地来到，它轻抚着我们，将我们脸上的泪水吹干，还我们三月的笑容。

青春是希望，闪耀在我们的心中。

即使迷了路，也不要把忧伤刻在额前，星星总会升起的，它会给我们指导航线。